室内设计新视点·新思维·新方法丛书

丛书主编 朱淳　　丛书执行主编 闻晓菁

PUBLIC SPACE
INTERIOR DESIGN

公共空间室内设计

王玥　张天臻　编著

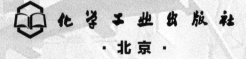

化学工业出版社

·北京·

《室内设计新视点·新思维·新方法丛书》编委会名单

丛书主编：朱　淳

丛书执行主编：闻晓菁

丛书编委（排名不分前后）：王　玥　张天臻　王　纯　王一先　王美玲　周昕涛　陈　悦
　　　　　　　　　　　　　冯　源　彭　彧　张　毅　徐宇红　朱　瑛　张　琪　张　力
　　　　　　　　　　　　　邓岱琪

内容提要

　　本书以系统、清晰、形象的方式，概括了公共空间室内设计的基本原理、设计内涵、发展趋势等，并阐述了公共空间的设计类型、方法和技术手段。本书借助大量优秀作品的点评及名师名作的鉴赏，也使更多设计师和学习者意识到：公共空间的室内设计并不只是一种规范与模式，而是设计师对公众需求、审美趋向的尊重及设计理念的表述，同时也是设计师去体会，去创造，去抒发胸襟，从而创造特色化的建筑室内空间的过程。

　　本书提供了系统的文字描述与图片示范，以及许多优秀的设计案例，适用于高等院校相关专业的师生，对各类设计人员也有参考价值。从事室内设计专业的工作者或艺术爱好者，都能从自己的实际需求出发，从本书中获益。

图书在版编目(CIP)数据

公共空间室内设计 / 王玥, 张天臻编著. -- 北京：化学工业出版社, 2014.6（2018.1重印）

（室内设计新视点·新思维·新方法丛书 / 朱淳丛书主编）

ISBN 978-7-122-20502-5

Ⅰ.①公… Ⅱ.①王… ②张… Ⅲ.①公共建筑—室内装饰设计 Ⅳ.①TU242

中国版本图书馆CIP数据核字(2014)第082724号

责任编辑：徐　娟　李　健　　　　　　　　　　装帧设计：闻晓菁
　　　　　　　　　　　　　　　　　　　　　　封面设计：邓岱琪

出版发行：化学工业出版社（北京市东城区青年湖南街13号　邮政编码100011）

印　　装：北京京华虎彩印刷有限公司

889mm×1194mm　1/16　印张10　字数200千字　2018年1月北京第1版第3次印刷

购书咨询：010-64518888（传真：010-64519686）售后服务：010-64518899

网址：http://www.cip.com.cn

凡购买本书，如有缺损质量问题，本社销售中心负责调换。

定　　价：58.00元　　　　　　　　　　　　　　　版权所有　违者必究

丛书序

人类对生存环境作主动的改变，是文明进化过程的重要内容。

在创造着各种文明的同时，人类也在以智慧、灵感和坚韧，塑造着赖以栖身的建筑内部空间。这种建筑内部环境的营造内容，已经超出纯粹的建筑和装修的范畴。在这种室内环境的创造过程中，社会、文化、经济、宗教、艺术和技术等无不留下深刻的烙印。因此，室内环境创造的历史，其实上包含着建筑、艺术、装饰、材料和各种营造技术的发展历史，甚至包括社会、文化和经济的历史，几乎涉及了构筑建筑内部环境的所有要素。

工业革命以后，特别是近百年来，由技术进步带来设计观念的变化，尤其是功能与审美之间关系的变化，是近代艺术与设计历史上最为重要的变革因素，由此引发了多次与艺术和设计有关的改革运动，也促进了人类对自身创造力的重新审视。从19世纪末的"艺术与手工艺运动"（Arts & Crafts Movement）所倡导的设计改革，直至今日对设计观念的讨论，包括当今信息时代在室内设计领域中的各种变化，几乎都与观念的变化有关。这个领域内的各种变化：从空间、功能、材料、设备、营造技术到当今各种信息化的设计手段，都是建立在观念改变的基础之上。

回顾一下并不遥远的历史，不难发现：以"艺术与手工艺"运动为开端，建筑师开始加入艺术家的行列，并像对待一幢建筑的外部一样去处理建筑的内部空间；"唯美主义运动"（Aesthetic movement）和"新艺术"运动（Art Nouveau）的建筑师和设计师们以更积极的态度去关注、迎合客户的需要。差不多同一时期（1904年），出身纽约上层社会艾尔西·德·华芙女士（Elsie De Wolfe），将室内装潢(interior decoration)演变成一种职业；同年，美国著名的帕森斯设计学院(Parsons School of Design)的前身，纽约应用美术学校(The New York School of Applied and Fine Arts)，则率先开设了"室内装潢"(Interior Decoration)的专业课程，也是这一领域正式迈入艺术殿堂之始。在欧洲，现代主义的先锋设计师与包豪斯的师生们也同样关注这个领域，并以一种极端的方式将其纳入现代设计的范畴之内。

在不同的设计领域的专业化都有了长足进步的前提下，室内设计教育的现代化和专门化则是出现在20世纪的后半叶。"室内设计"（Interior Design）的这一中性的称谓逐渐替代了"室内装潢"（Interior Decoration）的称呼，其名称的改变也预示着这个领域中原本占据主导的艺术或装饰的要素逐渐被技术和功能和其他要素取代了。

时至今日，现代室内设计专业已经不再仅仅用"艺术"或"技术"即能简单地概括了。它包括对人的行为、心理的研究；时尚和审美观念的了解；建筑空间类型的改变；对功能与形式新的认识；技术与材料的更新，以及信息化时代不可避免的设计方法与表达手段的更新等一系列的变化，无不在观念上彻底影响了室内设计的教学内容和方式。

由于历史的原因，中国这样一个大国，曾经在相当长的时期内并没有真正意义上的室内设计与教育。改革开放后的经济高速发展，已经对中国的设计教育的进步形成了一种"倒逼"的势态，建筑大国的地位构成了对室内设计人材的巨大的市场需求。2011年3月教育部颁布的《学位授予和人才培养学科目录》首次将设计学由原来的二级学科目录列为一级学科目录正是反映了这种日益增长的需求。关键是我们的设计教育是否能为这样一个庞大的市场提供合格的人才；室内设计教学能否跟上日新月异的变化？

本丛书的编纂正是基于这样一个前提之下。与以往类似的设计专业教材最大的区别在于：以往图书的着眼点大多基于以"环境艺术设计"这样一个大的范围，选择一些通用性强，普遍适用不同层次的课程，而忽略各不同专业方向的课程特点，因而造成图书雷同，缺乏针对性。本丛书特别注重环境设计学科下室内设计专业方向在专业教学上的特点；同时更兼顾到同一专业方向下，各课程之间知识的系统性和教学的合理衔接，因而形成有针对性的教材体系。

在丛书内容的选择上，以中国各大艺术与设计院校室内设计专业的课程设置为主要依据，并参照国外著名设计院校相关专业的教学及课程设置方案后确定。同时，在内容的设置上也充分考虑到专业领域内的最新发展，并兼顾社会的需求。本丛书系列涵盖了室内设计专业教学的大部分课程，并形成了相对完整的知识体系和循序渐进的教学梯度，能够适应大多数高校相关专业的教学。

本丛书在编纂上以课程教学过程为主导，以文字论述该课程的完整内容，同时突出课程的知识重点及专业的系统性，并在编排上辅以大量的示范图例、实际案例、参考图表及最新优秀作品鉴赏等内容。本丛书满足了各高等院校环境设计学科及室内设计专业教学的需求；同时也期望对众多的设计从业人员、初学者及设计爱好者有启发和参考作用。

本丛书的组织和编写得到了化学工业出版社的倾力相助。希望我们的共同努力能够为中国设计铺就坚实的基础，并达到更高的专业水准。

任重而道远，谨此纪为自勉。

朱 淳

2014 年 2 月

目录
contents

第1章 公共空间室内设计的基本原理

1.1 公共空间室内设计概述

1.1.1 公共空间的概念

"公共"一词的释义最早可以追溯到古文《史记·张释之冯唐列传》："释之曰：'法者天子所与天下公共也。今法如此而更重之，是法不信于民也。'"？司马贞索隐引小颜曰："公，谓不私也。"在近代，"公共"释义为公有的，公用的，相对于"私密"而言，是指可以同时供许多人使用，也就是指非排他性。"公共"二字在一定意义上包含了一种共有、共同、共享、平等、互动等内涵。

空间，一般是指由结构和界面所围合的"场"域，即实体之间的关系所产生相互关联的联想环境。空间是容纳人类活动的场所，它可以是公共的，也可以是私人的。那么公共空间即是大众的公有场所。

图 1-1 香港中环置地广场
这是一个大型 Shopping Mall，公众可以自由进出，是为公众提供购物、休闲、娱乐的场所

图 1-2 古希腊代尔斐圣地
　　这是古希腊人最早的公共活动场所之一，用于宗教崇拜

公共空间的英文为 public space 或 public place，也译为公众场所、公众地方、公共场所。这一概念最早源于古希腊，在古希腊城邦中，出现大量宗教性建筑、市政建筑以及文化活动的场所，这种由建筑格局所形成的公共生活空间，为所有公民提供了宗教崇拜、商业买卖以及观演娱乐等活动的场所。因此，广义上讲公共空间是一个不限于经济或社会条件，向所有公民开放，任何人都有权进入的地方。比如广场、公园、地铁站、图书馆、商场等类型的公共空间，公众即使不付费也可以自由进入。但另一种类型的公共空间是需要公众满足一定条件才能够进入并使用的，比如付费条件，满足某种身份的条件，或达到某种要求的条件等，这些条件的制约，就对进入空间的使用人群提出了特定的要求。因此，真正具备公共性的场所才具有公共空间的意义。

图 1-3 天禧东方会所
　　这是只有满足特定条件的人群才能进入的公共空间

图 1-4 广州歌剧院
　　这是一个当代剧场空间，内部设计极具功能性与个性化

1.1.2 公共空间室内设计内涵

（1）公共空间室内设计的界定

根据公共空间的属性，以建筑为空间限定的界面，可以将公共空间分为"室外公共空间"和"室内公共空间"两个部分。室外公共空间一般是指街道、广场、公园等供公众日常生活和社会生活共同使用的建筑外部空间。室内公共空间则是指建筑室内空间中供公众使用的部分，它既包括商业建筑、办公建筑、酒店建筑等公共建筑的室内空间，也包括住宅建筑中，具备公共性的门厅、过道、楼梯等公共空间的范畴。"室内公共空间"的概念不同于"公共空间室内"，"公共空间室内"更侧重于"公共空间"上，指的是公众进行公共活动的公共建筑的室内空间，它是公共建筑的延伸。因此，本书研究的是公共建筑空间的室内设计，包括商业空间、办公空间、酒店空间、观演空间、展览空间、文教空间、医疗空间、餐饮空间、休闲娱乐空间、体育空间、交通运输空间、历史文化建筑室内空间几种类型。

公共空间室内设计是公共建筑的主体和灵魂，是建筑的有机组成部分。它是根据建筑物的使用性质、所处环境和相应标准，围绕建筑既定的空间形式，以"人"为中心，根据使用者的物质需求和精神需求设立空间主题创意，运用有效的手段进行主题创意的设计创造，并通过视觉艺术传达方式表现出来的物化的创作活动；是建筑设计的延续和深化的内容。

图1-5　以"人"为中心，根据使用者需求建立的公共空间室内环境

图1-6　设计为人们创造了多样的活动空间和活动方式

（2）对公共空间室内设计的认识

人们有向往美好事物的需求，无论工作、学习、休闲、娱乐等，都需要一个安全、舒适并能满足其需求的环境。室内环境是和人们关系最为密切的部分，室内设计便是为了给人们提供进行各种社会活动所需要的、理想的活动空间。因此，室内设计从设计构思、装饰艺术、材料工艺到内部陈设，都反映了相应时期的社会文化和精神生活的相关状况，它是时代发展的印记。

图1-7　澳大利亚管道酒店
这些管子成功地装饰了酒店立面，这些有深度的混凝土管道生动地圈起实际功能区，提供了舒适的座位空间。整个室内环境明亮，耀眼，让人过目难忘

公共空间作为室内设计的有机组成部分，它的室内设计无论物质或精神需求都受到当代经济发展、科技水平、社会文化和思想观念等条件的制约，相应的公共空间的功能内容和文化内涵也在随着需求的改变发生相应的变化。随着社会的发展和时代的推移，这种改变也必将不断持续下去，不断出现新的功能形式以及文化理念。作为设计师，必须了解人们在特定的环境中的行为特征以及对环境的需求，了解时代背景和文化内涵，以把握设计的主动性与时代性。这正是本书的研究目的，唤起大家对设计创新思维的重视。

因此，当代公共空间室内设计的核心目标就是为人们创造功能合理、环境舒适、特色鲜明、高效便捷、节能生态的室内空间环境，体现以"人"为本的设计理念，满足人们物质与精神需求，创造符合人们进行各项社会活动所需的美好的空间环境。

1.1.3　公共空间室内设计内容

（1）室内空间主题设计

主题设计是公共空间室内设计最为重要、核心的内容，它是室内空间的灵魂支撑，是其他所有设计内容得以顺利展开的基础。通过对民族特征、区域特征、文化内涵等背景信息的整理与提炼，梳理出设计的主题理念；并运用历史文脉、地域文化、现代技术等设计要素完成个性化设计。

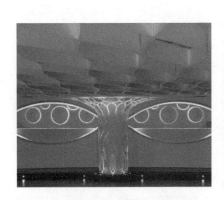

图1-8、图1-9　带有海洋和神话风情的库夫拉多功能厅
具有鲜明的主题特色，富有韵律的波纹形吊顶，仿佛当地美丽海滩的层层水波

（2）室内空间功能布局

根据公共空间的类型和室内空间的使用要求，确定室内空间的各项基本功能，并根据各个功能的空间使用特点对内部空间进行合理布局。在功能布局过程中，首先要根据人的行为特征，以交通流线为导向划分交通空间与实用空间，公共空间与私密空间等，再根据各功能间的相互关系确定空间的序列，安排各个空间的衔接、过渡和分隔等。应尽可能协调功能区块间的相互矛盾，使平面功能得到最佳配置，以满足使用需求。

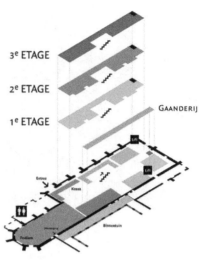

图 1-10、图 1-11　位于荷兰马斯特里赫特的 Waanders，由一座 15 世纪的哥特式教堂改建而成的创意用品商店

设计师很好地保留了教堂的建筑元素，同时融入了新的设计元素。让这座几百年前的老教堂焕发出时尚而现代的气质，同时满足现代的功能需求

（3）室内空间组织建构

功能布局是对室内空间平面的划分，空间建构即是对三维空间的创造。随着社会发展和人们观念的改变，室内空间已不再是以往简单划一的分割，人们更热衷于多样空间的创造和重新组织。在大空间中创造若干小空间，空间相互间分隔、交错、穿插与渗透，空间的开放与闭合，空间的引导与暗示等。通过构建多元的空间体系和多层次的空间结构，创造多样化的空间环境。

图 1-12、图 1-13　卜石艺术馆室内空间的再设计

在不破坏原有建筑外部结构的前提下，将原本单一的办公空间打造成一个集合展览、会所、办公等多功能的艺术交流展示空间。面对建筑这一内部功能的置换，首先打散了整个建筑空间的叙事逻辑来模糊其使用界面，并将数字几何的概念引入建筑内部，通过从动线折叠到空间折叠，来完成对于空间逻辑的重塑

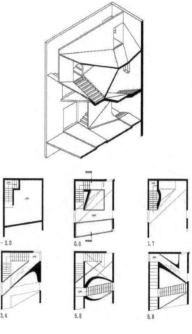

图1-14　杭州乐空办公室室内设计

设计师从企业文化本身出发衍生的设计理念和思想、室内空间与气氛的营造、各种材料的选择及搭配、采光与照明等多方面的因素相结合。大面积的垂直绿化墙、电脑控制的LED洗墙灯、几何立体过道、界面设计都以造型与色彩来消解拘泥，与周边建立起亲切的联系，释放出压力，铺垫出柔软的松弛

图1-15　设计感十足的餐饮空间，带给人舒适、愉悦的就餐环境

图1-16　库夫拉多功能厅中水波型的装饰构造

通过灯光的配合设计，创造了奇特的空间形式，使原本敦实的立柱变得轻盈而富有动感

（4）室内空间界面设计

围合界面构成了空间实体与虚体，不同程度的围合可以创造不同类型的内部空间。围合界面包括水平向的地面与顶棚，竖向的墙面，同时还包括分隔空间的实体和半实体的界面处理。室内空间界面设计主要是对界面的功能、形态、材料、质感、纹理、色彩、施工工艺的处理。比如地面底界面要考虑材料的安全性和耐久性；顶棚界面要考虑吊顶的造型与声、光的传递；墙面或隔断侧界面，要考虑隔断的虚实以及材料的隔声、隔热、保暖等方面的要求。

（5）室内空间内环境设计

室内空间的内环境包括物理环境与心理环境。其中物理环境是指室内的采暖、通风、声、光、热等，在设计中主要需要解决技术层面的问题；心理环境是指能对使用者带来舒适、愉悦等心理感受的要素，主要包括色彩、照明、装饰（硬装饰与软装饰）、家具、陈设艺术品、景观绿化等要素。两者共同构成了室内设计的主要组成因素，在设计上缺一不可，且各个要素都彼此相关联。在设计时需要根据最初确定的主题理念对各要素逐一思考，并进行综合协调，才能营造特色的主题空间。

（6）室内空间协调设计

随着科技的不断发展，公共空间室内设计出现了更多样的需求与发展趋势，电力系统、视觉导向系统、网络系统等的系统化为公共空间提供了良好的使用功能；数字化高新技术创造了形态变化丰富、造型奇特的空间形式；智能化的通信系统和网络提供了高舒适的使用环境和高效率的管理和自动化系统。诸如这些新内容的出现，需要设计师在设计中能够主动熟悉相关内容，并与相关工种专业人员相互协调、密切配合，以营造高品质的室内空间环境。

1.2 公共空间室内设计的原则

1.2.1 满足功能的原则

近年来，由于科技的进步、信息的迅速发展以及人们观念的变革，人们对公共空间的要求愈加多样化，使其在功能上不断完善、细化，在形式上也呈现出更新与变异。然而社会舆论的影响以及信息的迅速发展，使得更多的设计师更关注形式的设计，以形式是否美观来衡量室内设计的好与坏，都很少关注室内设计是否满足功能需求。这类作品在短期内可以赢得社会舆论的推崇，但对于真正使用它的对象而言，体会到的是过于追求形式而带来的功能使用的不便。因此，形式离不开功能，它的创造与空间的物质与精神的双重要求密不可分，相互依托，彼此关联，共同成就一个完美的内部空间形式。脱离功能的形式创新最终只能逐渐走向消亡。

无论公共空间是何种类型、形态，不论其使用对象如何，体现什么样的品味与氛围，其所构建的空间尺度、空间形式、空间组合方式等都必须从功能出发，满足使用功能要求的设计原则，注重空间设计的合理性。

不同类型的公共空间因其各自的目标人群和使用性质的不同，而有各自不同的功能目标和要求。任何一个公共空间室内设计都必须充分考虑不同的功能要求，并保证这些功能要求的实现。是否能够达到这一要求，成为判断和衡量设计成果的先决条件。

图 1-17　卡罗林斯卡学院教学基地

　　设计师的想法是建立一个"家"——一个让学生、教师和研究人员自然碰面的地方，它将作为一个需要应酬的社会舞台、一个共同的会议场所及一个中央信息交流点，这里有宽大的广场、带有长廊和长凳的小花园、宽敞的餐厅及木板隔断的尖顶小学习室，人们可以在这里自由地学习、交流和用餐

1.2.2 强调以人为本的原则

公共空间室内设计的功能性原则是满足人的物质需求。那么以人为本的原则即是要充分尊重人性，充分肯定人的行为及精神需要，遵从和维护人的基本价值。

这里所述以人为本的设计原则包含两方面内容。一方面针对使用者而言，公共空间是人们学习、工作、休闲娱乐的场所，服务主体是空间中的人，是为公众或特定人群创造一个能够满足其生理和心理需求的内部空间，它要求设计师需要根据使用者的身份、观念、涵养、性格、习惯等特点进行设计。

图 1-18、图 1-19　Nursery in Boulay 幼儿园

　　出于安全考虑，空间结构域内部陈设设计都没有直角，所有锋利的边缘都变得平滑，墙壁也是弯曲光滑的

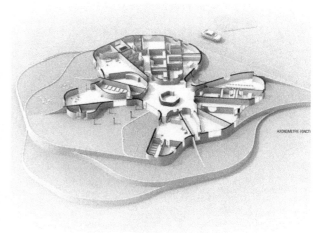

另一方面针对委托方和设计师而言，以人为本的设计原则是一个设计师必须具备的基本素质。通过设计作品能够展现委托方的社会伦理、道德追求、价值观念和意识形态，同时能够展示设计师的人文素质与专业修养。体现一种人文价值和精神的创造，正是这种价值和精神才是优秀室内设计的真正魅力所在，才有可能成为经典。

1.2.3　结合艺术的原则

　　以人为本的设计原则要求设计师根据不同人的特点和需求对室内空间进行设计，给予不同人不同的审美感受和空间享受。这种审美感受和空间享受的营造就需要设计师把握艺术化的设计原则。

　　室内空间的艺术化设计不再是单纯满足物质追求和纯粹的空间需要，而是要给人们多元的精神享受。设计师运用空间构筑、形态造型、装饰工艺、陈设艺术、色彩搭配等各种专业知识和手段，创造具有表现力和感染力的室内空间和形象，创造具有视觉愉悦感和文化内涵的室内环境。这种设计符合时代发展的需求，满足市场经济下公众的个性需求，越来越多的公共空间出现室内设计与艺术的结合。它们不只是作为生活的场景，而是要表达艺术的思想和形式。这种艺术性的表达的作品具有自由和非常规的特点，有着较强的视觉冲击力，令人难忘，常常是各种艺术思想的混合体。

　　结合艺术的原则要求设计师自身要有一定程度的艺术修养。当前室内设计与艺术之间的界限已经模糊，许多艺术家都在进行着室内设计的实践，而室内设计师却把自己局限在认为应该做的范围之内，在设计中缺少想象力和勇气，使作品失去了活力。因此，设计师的思想应该具有艺术与文化活力，从生活感悟中不断积累和培养自身的人文素养与艺术修养。

图1-20　Alter Store上海时尚店
　　设计师创造了一个有力的连续的空间，从天花到地面蔓延的阶梯，家具不仅仅是家具，也是空间的一部分，并延续了视线

图1-21　上海Yucca墨西哥餐厅
　　夸张绚丽的色彩与几何图案地面，随处充满着艺术与现代摩登气息，创造了令人愉悦兴奋的社交氛围

1.2.4　尊重文化的原则

文化是设计的灵魂，是设计成果形成自身特色，区别于其他作品的关键。任何公共空间都处于某一特定环境之中，从社会环境、地域环境、历史环境、文化环境到空间内环境，都体现着特有的文化特征，正是这些环境与特征对空间设计提供了特定的设计条件与要求。设计师应充分挖掘环境中的诸多要素，通过专业的分析、提炼与组织，将这种无形的文化特色转化为具体的设计语言，创造出具有环境内涵的室内空间。

尊重文化的公共空间，不仅仅是一个能够给使用者提供活动的场所，它还可以作为文化传播的载体，向公众讲述一个个事件、故事，诠释特定的文化、场景，给人以联想的空间。不同使用者也会因其社会背景、道德追求、价值观念、意识形态等不同而收获不同的空间感受。

1.2.5　营造鲜明特色的原则

特色是物体间相互区别的基础，空间的特色化设计是公共空间发展的重要因素。人们总希望在不同的空间体验新的环境特色，同时人们也可以通过这种特色符号来识别并记忆一个空间。一个优秀的公共空间室内设计作品，正是因其具备了其他空间所没有的个性特色，才被公众识别与记忆。缺乏风格与个性，没有文化内涵的空间环境难以引起公众的认可，因此公共空间室内的特色化、个性化设计尤为重要。

公共空间室内的特色化设计，不是脱离环境的天马行空的构想，也不是其他优秀案例的拼凑，它是建立在对空间环境以及使用者需求的充分认知之上，通过系统的分析、总结，信息的综合整合，再由设计师发挥创意、创新想法所成型的。它一定是一种有据可依的设计行为。

公共空间因其类型的多样性及服务人群的公共属性，其室内设计更应突出空间的环境特色，突出个性特征和设计理念，并把握好使用者的心理需求。

图 1-22　东京知名餐厅 "Edo Robata kemuri" 在上海虹桥的中国第一家分店
餐厅氛围用世界可接受的语言展示亚洲文化，由许多小麻绳编成粗麻绳，暗示了人与人之间的团结与协作

图 1-23、图 1-24　具有个性化设计的服装专卖店
店内安放着丝网印刷玻璃制成的放大男女身体，他们伸出手，仿佛是想要触碰对方。Who's Who 是这个服装的品牌，寻找什么？不变的又是什么？男人女人的探手接触就像是米开朗基罗的画里那样，凝固在过程中将要触到让人长叹的一瞬。只有爱的火花才能点燃创作烈焰

图1-25　河川生态园中"熊猫森林"
　　室内设计尽量利用现状坡地，玻璃穹顶控制温度和湿度并避免阳光直射，营造出适宜的物种生存环境。玻璃上的竹叶印花在地面上投下斑驳的"树影"

1.2.6　注重生态的原则

近几十年来由于人类对生态平衡、自然资源的过度索取，给环境和资源带来了灾难性的破坏。人们逐渐意识到，从人类赖以生存的自然环境到钢筋混凝土建筑林立的城市环境，再到每日生活、生产所处的室内环境，都需要建立一个可持续发展的生存空间，它们共同作用以维护整个生态系统的平衡。室内环境作为生态系统中的一个单元，其生态设计具有非常重要的作用。

注重生态的原则就是要构建理性环境生存空间，注重生态美学，协调处理好自然环境、人工环境、光环境、热环境、声环境、植物环境之间的关系；节约资源，利用可再生能源，降低耗能，实现室内空间的可持续发展。

室内生态设计就是要建立一个融合当下社会形态、文化内涵、生活方式、科学技术的生存空间，并且是更具人性化、多元化、经济化、可持续发展的理性环境生存空间。其所要研究的基本内容是人与自然协调发展的前提下，运用生态学的原理和方法，协调人、建筑与环境间的关系。

图1-26　新科技、新材料、新技术营造具有时代特点的现代化智能空间

1.2.7　满足技术要求的原则

公共空间室内设计在满足使用者物质需求与精神需求的同时，还要满足物质环境的技术需求，包括声环境、光环境、热环境、消防系统等。这些条件决定了室内空间所创造出来的风格、氛围以及舒适的物理环境，因此室内设计必须符合上述要求。

材料是组成室内空间的主体，是我们表达设计理念与设计风格的手段。运用不同材料的组合和技术加工，可以创造不同风格的公共空间环境。因此满足技术要求的设计原则就要求设计师对物质材料的施工工艺与结构技术有所把握。

另一方面公共空间室内设计必须同科学技术相结合，利用新科技、新材料、新技术营造具有时代特点的现代化智能空间。

1.3　公共空间室内设计的发展趋势

1.3.1　文化的融入

　　随着社会的发展和人们精神文化的提高，追求个性化、多样化的室内空间环境已成为一种趋势。人们愈来愈了解到通过优越艺术的渲染熏陶和一定的文化信息的传导，将有助于大众的鉴别能力和审美能力的提高。人们可以通过文化融入所形成的特色空间特征来识别并记忆一个空间。文化内涵成了整个室内设计的灵魂与动力。

　　将文化融入公共空间室内设计中，可以塑造具有鲜明主题的特色空间。诸如商业、酒店、观演等公共空间室内设计可以融入本土文化、地域文化，餐饮空间有饮食文化，办公空间有企业文化等，各种类型的公共空间基于其环境背景的不同，都承载着各自特有的文化内涵，所表达的主题理念可以通过空间的布局、界面、材料、色彩、陈设等渗透出来，使来自不同地方，具有不同爱好的人们聚集在一起，品味着浓浓的文化气息。

　　我们的世界正在进入一个新的时期。室内设计也在不断地革新发展，设计文化也呈多元化形式。只有掌握了设计文化的真正内涵，才能将不同时期的不同文化理念融入具体的室内环境设计中去，从而满足人们不同的生活需求。

图 1-27　教堂内唱诗区空间设计
　　采用白色大理石块如同天然矿物般有机的分布在教堂中，设计师以此追溯这个罗马式教堂的源头

1.3.2　功能的复合

　　设计源于生活，设计改变生活。社会发展和现代人的需求对公共空间的功能提出了综合性和灵活性的要求，在公共空间中，出现了各种新的功能内容和布局方式，空间功能复合化成为公共空间发展的一种趋势。

　　公共空间的功能复合，一方面是指在同一类型空间中将多种功能层次进行并置和交叠，打破了传统建筑以功能单位为标尺单位类型的概念。功能复合的另一方面是指不同功能在同一区域或同一空间中发生关联而合为一个新

图 1-28、图 1-29　Waanders In de Broeren 创意用品商店，实现了阅读购买功能与用餐功能的复合

图1-30、图1-31 卡罗林斯卡学院教育基地内的中庭设计

通过家具的不同摆放方式创造了多功能的使用需求，这种多功能的混合有效地利用了室内空间，同时也改善了工作、学习的环境

图1-32 室内设计中对空间的再设计，使原本单一的矩形空间更为多样与丰富

的整体。它可以是同一空间在同一时间内的复合，也可以是同一空间在不同时间段的复合。比如用于展示艺术品或商品的展厅空间，在某一时间段中，它可以成为活动开幕式、发布会、座谈沙龙等功能的场所。这种形式的功能复合并非临时的空间借用，而是需要设计师在设计之初就要有系统的规划和考虑，为空间的复合功能设计必要的环境要素。

多功能地混合在城市内部空间中随着城市生活的日益丰富而相当普遍，它可以起到有效使用空间、提高工作效率和改善工作、生活的环境质量等作用。

1.3.3 空间的多样

功能的复合趋势带来的是空间的多样化发展，通过构建多元的空间体系和多层次的空间结构，创造多样化的空间环境。随着科技的发展、人们生态观念的增强以及对建筑外环境的重视，室内空间开始向室外延伸、渗透，室内外空间界面变得模糊，自然景观被引入室内空间设计，同时过渡空间和虚拟空间的出现使室内空间更为丰富与多样。

室内空间的多样化一方面取决于建筑空间的多样化。室内空间是建筑空间的一部分，以往室内设计与建筑设计是相互联系且又相互独立的两个领域，往往在建筑建造完成后再由室内设计师进入进行室内空间设计。随着学科交叉的相互融合以及建筑设计理念的不断更新发展，建筑设计阶段已对建筑内、

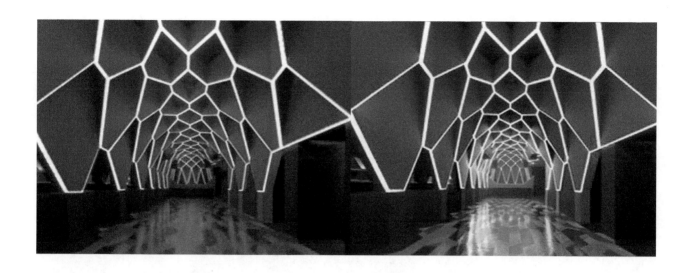

外部空间关系以及空间形态进行了详细规划设计，运用空间的延伸、包容、过渡、渗透等手段，创造多种复合空间的效果。

　　室内空间的多样化另一方面是指室内空间的内环境设计。科技的不断发展，人类思想方法、生活方式和行为模式的转变，新观念、新技术、新材料等的出现，为室内空间设计提供了更广阔的发展空间。信息技术拓展了真实室内空间的概念，引入非实体性的虚拟室内空间；在室内采光与照明、色彩与材料、家具与陈设、绿色植物等室内环境要素的设计处理上，运用新技术、新材料，创造出具有文化价值、符合人性特征并具有艺术个性的多元室内空间环境。

图 1-33　JOSEFINE / ROXY 俱乐部室内设计
　　造型由超过 100 个六边形组成，六边形交界处内置 LED 灯，形成动态灯光效果，诱你进入一个真正由图形、灯光、音乐组成的梦境

1.3.4　景观的渗透

　　注重生态的设计原则指导着当今室内设计的可持续发展，将自然景观引入公共空间室内设计是实现室内空间生态发展的必要和有效方式，越来越多的设计师开始把室内景观作为室内设计的重要设计手法和发展趋势，为人们创造了更为和谐、绿色的空间环境。

　　（1）空间外部景观的渗透

　　"园林之妙，在乎借景"，中国古典园林利用借景手法，在有限空间内创造出无限景深。室内空间的景观渗透，也应利用借景手法将室外景观延伸到室内。当公共空间本身处于良好的自然景观环境中时，可以通过空间的开敞或者透明的围护界面借用室外景观，透明界面并没有在视觉上割裂室内与室外的延续渗透，优美的室外景观可以透过玻璃完全映入眼帘。

　　（2）空间内部景观的营造

　　通过具体化地模拟自然和抽象化地提炼自然方式，利用自然景观中的天空、水体、山石、植物等景观元素创造宜人的室内自然景观环境。室内景观的营造即可以起到观赏装饰的作用，同时也界定了空间场所，丰富了空间层次；最为重要的是它可以形成室内生态环境，改善室内空气质量、调节空气湿度、降噪、滞尘、缓解神经性疲劳等作用。

图 1-34　办公室内的中庭花园设计
　　利用木制铺地将人的行为从室内引向室外，大面积的落地玻璃成为景观渗透的媒介，将室外景观延伸到室内，使其景观浑然一体

图 1-35　卡罗林斯卡学院教育基地的室内中庭设计
　　绿色植物景观的引入，为学生提供了轻松、舒适的学习环境

1.3.5 风格的多元

随着人们审美意识走向多元化与多样化，室内设计也呈现出各种风格流派并存且相互融合的倾向。这些不同的设计风格不仅具有鲜明的时代感和人文特征，而且打破了以往单一的局面，使得室内设计风格不断适应社会变化，朝着综合多样且具有文化个性的方向发展。

室内设计风格的多元化特征，使室内空间表现出多样性和差异性的风格倾向。它的形成一方面取决于公共空间的类型与文化背景，另一方面取决于设计师个人的专业修养、审美观念、价值取向和个性气质，同时也受到时代潮流的制约与影响，所以风格的形成不仅仅取决于它的形式，还反映了这个时期的艺术、社会、文化发展的更深层次的内容。

根据地域的社会背景不同，有中式风格、地中海风格、北欧风格、美式风格、日韩风格等；根据时代的社会背景不同，可分为古典主义风格、现代主义风格、后现代主义风格等；也可以用某种艺术形式来命名，如巴洛克风格、洛可可风格等。无论如何命名，它们的风格形成也因文化、艺术、社会背景的不同而风格各异。

图 1-36　设计师 Danielle Brustman 设计的 Amelia Shaw 酒吧

　　酒吧内部风格是混搭式的，西方风格的建筑细部被东方风格的灯饰照亮。有的墙上绘上解构风格般的几何手绘壁画，再搭上中世纪风格的配饰。在这里，听着特别的音乐歌舞，品尝鸡尾酒菜单上的美食，是另外一种享受

图 1-37　安达仕阿姆斯特丹王子运河酒店

　　是世界上第一家，像博物馆一样在空间中展示了来自全球艺术家的 40 件影像作品的酒店。其中有日本 Meiro Koizumi 的 Defect in Vision，还有其他艺术家 Ryan Gander、Yael Bartana 和 Mark Titchner 等人的作品。这些作品成为酒店的一部分，酒店室内设计风格也呈现出以欧式风格为主体并兼与其他风格的混合

图 1-38   伦敦 EDITION 酒店
　　室内设计的灵感来自大不列颠的传统，把贵族的乡村庄园与现代的私人俱乐部这两个截然不同的美学风格用超然的炼金术手法融合新生，成为伦敦优雅、现代、精致的缩影

图 1-39   澳大利亚墨尔本中餐厅
　　采用传统深色石材、东方图案装饰、木材、混凝土饰面、玻璃砖等，配以红色与黄色的色彩，渲染出浓厚的中式风格

思考延伸：

1. 如何理解公共空间室内设计的内涵？

2. 公共空间室内设计的具体设计内容包括哪些方面？

3. 如何在设计趋势的引导下进行公共空间室内设计？应注意哪些问题？

第2章 公共空间设计类型与要求

2.1 公共空间的分类

公共空间的涵盖面很广，内涵丰富，要想把它们分得很细致、很明确并不容易，一般从空间的基本功能与内容的角度主要分为以下几类：商业空间、办公空间、观演空间、文化建筑空间、酒店空间、餐饮空间、休闲娱乐空间、展览空间、医疗空间、体育空间、交通运输空间、历史文化建筑空间。

我们把公共空间进行分类的主要目的，一是认识和了解不同空间的基本功能和要求，更好地理解室内设计所要把握的不同功能空间的设计特征，明确所设计的室内空间的使用性质，以及室内空间所要表达的环境氛围；二是较好的分阶段掌握室内设计方法，从小到大、从易到难、从自由的空间到特殊的限定空间。

大多数的公共空间室内设计原理与要素是相同的，在具体空间设计时要做到把握好不同内容空间的功能与设计需求。本书由于篇幅所限着重在后面的章节中详细阐述观演空间、文化建筑空间、商业空间和办公空间，其余八类公共空间以下进行概述介绍。

（1）酒店空间

酒店是以建筑物为依托，通过向客人出租客房、提供餐饮及综合服务设施从而获得经济收益的组织。酒店就是给宾客提供歇宿和饮食的场所。它必须提供旅客的住宿与餐饮，要有为旅客及顾客提供娱乐的设施，同时它是营利性的，要求取得合理的利润。

酒店设计是一项比较复杂的室内设计工程，需要掌握酒店室内设计的基本理论和专业知识，并能从事室内装修、室内陈设、家具设计及技术与管理等的高级技术应用性工作。

（2）展览空间

展览馆是展出临时性陈列品的公共建筑。展览馆通过实物、照片、模型、电影、电视、广播等手段传递信息，促进发展与交流。大型展览馆结合商业及文化设施成为一种综合体建筑。

图2-1 展览馆的基本组成部分：展览区、观众服务区、库房区、办公后勤区

参观路线的安排是展厅平面尺寸的关键。展览内容多而相关，连续性强为串联式；展览内容独立，选择性强为并行式或多线式

（3）医疗空间

医院环境的室内设计以医疗公共空间室内设计为主，由于临床医学科技发展，要求对现代医院建筑的门诊大厅、医疗候诊室、医技检查区、病区护理单元及患者家属等候区等进行具有针对性的室内环境与功能设计相结合的医院环境综合设计。因此，合理组织医院的人流与物流，合理配置各个功能分区、洁污分区分流，成为一个医院设计的最基本准则。

（4）餐饮空间

餐饮空间是食品生产经营行业通过即时加工制作、展示销售等手段，向消费者提供食品和服务的消费场所。它包括餐馆、小吃店、快餐店、食堂等。餐饮文化空间设计的目的旨在创造一个合理、舒适、优美的就餐环境，让人们在其空间里享受就餐的使用功能和文化功能。

（5）休闲娱乐空间

休闲娱乐空间是人们进行公共性娱乐活动的空间场所，也有将多个娱乐项目综合一体的娱乐城、娱乐中心等。在娱乐行业不断成熟的今天，娱乐模式及消费群体的细分更加明显及专业化，不同的娱乐模式有不同的功能要求，在休闲娱乐空间中，装饰手法和空间形式的运用取决于娱乐的形式，总体布局和流线分布也应按照娱乐活动的顺序展开。

图 2-2、图 2-3、图 2-4、图 2-5　波塔格城市酒店 Portago Urban Hotel

位于西班牙格拉纳达，是一家具有显著英国特色的酒店。空间的丰富性和英国风情与非正式的丰富多彩的室内色调，让酒店空间成为格拉纳达市中心的典型。酒店共有 25 间客房，3 层以上是客房区，地面成为创造空间的亮点：每间客房的地毯都有张不同色彩的脸面和白色的墙壁形成鲜明对比

（6）体育空间

体育建筑是作为体育竞技、体育教学、体育娱乐和体育锻炼等活动之用的建筑物。体育建筑要求空间布局合理，功能分区明确，交通组织顺畅，管理维修方便，并满足当地规划部门的相关规定和指标，满足各运动项目的朝向、光线、风向、风速、安全、防护等要求。

体育馆是指配备有专门设备并且能够进行球类、室内田径、冰上运动、体操（技巧）、武术、拳击、击剑、举重、摔跤、柔道等单项或多项室内竞技比赛和训练的体育建筑。主要由比赛和练习场地、看台和辅助用房及设施组成。体育馆根据比赛场地的功能可分为综合体育馆和专项体育馆；不设观众看台及相应用房的体育馆可也称为训练房。

（7）交通运输空间

交通运输空间是本着"以人为本，以流为主"的理念为繁忙的交通走廊进行现代化设计，不仅满足其明确的功能需求也是延续城市文脉，表达城市理念的载体。交通运输空间包括机场、火车站、地铁、轮船以及收费站、监控中心等其他交通运输的服务机构。交通运输空间首先应考虑总体规划和景观设计；其次考虑功能流线设计和功能布局；再次，空间形态与造型应与当地城市文化、尺度相融合，延续城市肌理。

（8）历史文化建筑空间

历史文化建筑空间保护、改造与更新包括历史古建筑的室内环境保护和修缮，以及在城市近郊和市区内的工业建筑的改造，更新成为具有新的使用功能的建筑形态。在历史文化建筑空间保护、改造和更新中，既要注意原有室内空间的拆分与嵌插，又要注意与室内环境衔接处的处理，比如让观者感知、体验、品位年代感和文化感。

图2-6、图2-7　一个优秀的餐饮文化空间，必须具有鲜明的主题，主题的内容就是灵魂。如何把握主题，在设计之前必须有一个设计计划，掌握好设计中的内容和总体方案，做到心中有数。在设计之前必须了解市场、了解顾客的情感需求、了解所经营的产品，这样才能做到有的放矢

图2-8、图2-9　中国国家大剧院
中国国家大剧院是亚洲最大的剧院综合体，造型新颖、前卫，构思独特，是传统与现代、浪漫与现实的结合。椭球壳体外环绕人工湖，各种通道和入口都设在水面下，观众需从一条80m长的水下通道进入演出大厅

图2-10　国家大剧院内的歌剧院
歌剧院是国家大剧院内最宏伟的建筑，以华丽辉煌的金色为主色调。主要上演歌剧、舞剧、芭蕾舞及大型文艺演出。每当夜幕降临，透过渐开的"帷幕"，金碧辉煌的歌剧院尽收眼底

2.2　观演建筑室内设计

2.2.1　观演空间概述

观演空间以视、听作为使用的主要功能，为文艺演出和活动提供场所。内容极其广泛，如以观演功能为核心的剧院、电影院及音乐厅，如歌舞、音乐、戏剧、电影、杂技等，历来是群众文化娱乐的重要场所，常用作城市中主要的公共建筑而屹立于市中区或环境优美的重要地段，成为当地文化艺术水平的重要标志。

2.2.2　观演空间平面布置形式

观演空间的平面布置形式有以下四种。

（1）中心式

观演部分处于总体的中心位置，常成为整体空间和会所装修设计形态构图的轴心。而其他活动空间可分置于观演空间两侧或周边，呈对称或均衡布置的格局。这种布局形式适用于设计功能组成复杂，且所处城市空间环境严整的情况，较易取得匀称、壮观的设计形态。

（2）侧翼式

观演部分仅占有设计整体的一个侧翼，与其他活动空间仍保持连续统一的整体装修设计形态。这种布局形式也多用于功能组成复杂、形态要求严整的大型会所装修设计中，其观演部分也仅占有较小的比重。

（3）内核式

观演空间被其他活动空间包围于中央部位，内部活动空间相互邻接，并连续成整片。此种形式空间布局紧凑，有利于节约用地和节约装修设计能耗，常用于北方中小型规模或设有集中空调系统的大型会所装修设计中。在国外设计实例中也较为普遍。我国近年来新建的许多城市商业性娱乐设施中，由于空调系统的使用，也较多采用了这种布局形式。

（4）毗邻式

观演活动部分与其他活动部分各自相对集中布置，自成系统，形成彼此紧邻又相对独立的两部分。采用这种布局形式，主要出于建造计划和经营方式的考虑。它便于在较小的场地内实施分期分项建设，也便于两部分实行独立分管经营。采用这种空间布局形式，仍需保持观演空间装修设计形态的完整性，并应满足城市空间规划的总体要求。

图 2-11　易北爱乐音乐厅

环抱式空间设计，使精彩的艺术表演与高雅的空间环境相互协调。观演建筑室内设计应具有高度的艺术性，使形成一个高雅的艺术文化氛围，潜移默化地提高民族的文化素质

2.2.3　观演空间室内设计的原则

（1）具有良好的视听条件

看得满意、听得清楚，是观众、听众对观演建筑的最基本要求，也是观演建筑设计成败的关键。室内设计必须根据人的视觉规律和室内声学特点，解决视听的科技问题，因此观演空间室内设计具有高度的科学性。

（2）创造高雅的艺术氛围

欣赏各式各样的艺术表演，既有娱乐性又具教育性。精彩的艺术表演应与高雅的空间环境相协调，历史上许多著名的剧院、音乐厅，都从内到外倾注了建筑师和艺术家的高度智慧和心血而成为建筑艺术精品留传于世。

（3）建立舒适安全的空间环境

许多演出往往长达几小时甚至半天，观众也常达成百上千人之多，因此要求室内具有良好的通风、照明，宽敞舒适的流动空间和坐席，安全方便的交通组织和疏散，使观众能安心专注地观赏演出。

（4）选择适宜的室内装饰材料

选择室内装饰材料应既能满足声学要求，又有良好的艺术效果，把装修艺术和声学技术结合起来，充分体现观演建筑室内艺术的特征而别具一格。

（5）避免来自内外部的噪声背景

观演空间的外部噪声主要是环境噪声，因此对门厅、休息厅等尽量和外部形成封闭式空间，而对观众厅的对外出入口应设置过渡空间，使观众厅周围的出入口均起到"声锁"的作用。其次是通风，空调等机电设备发出的噪声应使其房间远离观众厅或进行充分有效的隔声措施，设立必要的消声器、减振器等，以避免空气传声和固体传声。

图 2-12　乌兹别克斯坦塔什干的国际论坛观演中心扇形音乐厅

该厅的设计具有高度的灵活性，常举行音乐、戏剧等演出

图 2-13 白色派乌兹别克斯坦塔什干国际
论坛观演中心入口大堂走道空间

2.2.4 观演空间室内构成和设计基本要求

小型剧场室内空间分布包括：前厅及休息厅、演出部分、观众部分、管理辅助部分。

（1）前厅、休息厅

前厅、休息厅的设计应满足观众候场、休息、交流、展览、疏散等要求，也附设一些商品销售区、服务台、卫生间等服务设施。以上空间可以兼合设计，亦可组合设计，设计上以简洁经济为主要原则。

（2）演出部分

包括舞台、侧台、演出准备用房。一般观演空间的舞台部分是精华所在。剧场舞台形式有以下三种。

① 镜框式舞台。舞台表演区只有一面面向观众，演员和观众处于各自独立的空间内，缺乏感情交流，因此，常将前台（台唇）突出加大，就成为突出式舞台。

② 突出式舞台。把舞台的主要表演区尽可能伸向观众区，部分观众环绕舞台，扩大了舞台周边和观众的联系和交流。

③ 岛式或中心式舞台。舞台的四周或绝大部分面向观众，观众和演员均处于同一空间内，演员和观众感情都能充分投入，创造相互交流的氛围。

但突出式舞台和中心式舞台也带来很多问题，一是演员不能同时面向观众，总有一部分观众只能看到演员的背面或侧面，此外，剧情要求的布景、照明、效果、音响处理等方面带来许多困难和麻烦。

（3）观众厅部分

观众厅的平面形式一般有矩形、钟形、扇形、六角形、马蹄形及圆形和复合形等多种多样，应根据观众容量、视平面要求、声学要求和建筑环境进行组合设计。

（4）管理辅助部分

包括化妆室、休息室、排练厅和调音室等演出用房和其他用房，如小卖部、办公和技术用房以及水、暖、电等辅助用房。后台辅助用房的设计规划应以简洁明确为主，各部分分区明确，联系紧密，互不干扰，方便实用。选择室内装饰材料应既能满足声学要求，又要有良好的艺术效果，把装修艺术和声学技术结合起来，从而充分体现观演空间室内氛围的艺术特征。

2.2.5 观演空间照明设计和视线视距控制

（1）观演空间照明设计

① 观众厅的照明。观众厅的顶棚形式应考虑能隐藏光源和声学上的特殊要求，因此，常做成一系列锯齿形状的吊顶，把荧光灯隐蔽在朝向舞台方向一边，并能利用半导体调光控制照明在演出开始时逐渐微暗下来，同时，也辅以装于同一顶棚中的壁龛式白炽灯下射照明，并使荧光灯和白炽灯在楼座上都能获得相应的布置。按照日本标准，在演出休息时观众厅的照明，照度为 50～200lx，上演时照度应降低至 3～5lx，从安全上考虑，应保留 3lx。

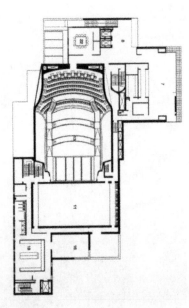

图 2-14 观演空间室内平面图

② 舞台照明。舞台照明首先应有足够的清晰度，使观众能看清演员的动作和表情；其次，应使人物具有一定的立体感和优美的造型，使演员的形象更真实动人；第三，应充分利用照明的光色效果加以渲染气氛和表达剧情。

图 2-15　2009 年 9 月由 Lppolito Fleitz 集团设计完成的位于乌兹别克斯坦塔什干的国际论坛观演中心

舞台照明包括如下方式。

a. 面光。布置在观众厅顶棚上或挑台、后墙等处。

b. 耳光。布置在观众厅侧墙上，内侧光布置在台口内两侧，操纵台上和侧面靠墙天桥上。

c. 脚光。布置在舞台前沿灯槽内，长度同台口长度。

d. 天幕灯。在天幕下灯槽内照射天幕。

此外还有设在表演区后面的彩云灯，在天幕上悬挂或反射或正照的星月灯，以及变幻灯、活动照明等。

（2）剧场、电影院的最远视距控制和无阻挡视线设计

根据人的眼睛，在视距超过 15m 时，演员的面部表情就很难看清楚，而对话剧、小品、滑稽戏等剧种的演员的面部表情和细致动作非常重要，因此最好以此为界，而对其他不强调这方面要求的观众厅，一般按等级控制在 23～38m 之间，一般剧院 33m，话剧院 25m，大型歌舞剧可达 38m 以上。为了缩短剧场观众厅的最远距离，常由镜框式舞台发展成突出式或中心式舞台，这种舞台缩短了演员和观众的距离，使观众与演员间感情可以更好的交流。

剧院、电影院观众厅地面均有一定的坡度，使后排观众能通过前排观众头顶无阻挡地看清舞台或银幕，就应做出地面升高的计算。

剧院的设计视点应在舞台表演区的前沿中心，一般定在舞台面大幕线的中央，也有定在脚灯的边缘处、旋转舞台的圆心。其高度一般定在舞台面上，有时也可定在高出舞台面 10cm 处，舞台高度一般为 1～1.2m。

电影院设计视点应定在银幕下缘中点（银幕下缘距第一排观众地面的高度一般为 1.5～1.8m）视点愈低，愈靠近台口，地面坡度愈陡。

2.3 文化建筑室内设计

2.3.1 文化建筑概述

图 2-16 由奥地利事务所 MAGK 和 Illizarchitektur 合作设计的"儿童保育中心"

这是一座位于奥地利 Enzersdorf 的小学和幼儿园一体学校。游戏区被布置在像素彩色立面和主体建筑之间，创造了一个灵活而具有穿透性的户外空间，孩子们可以在室内外之间自由穿梭

文化建筑包括小学、中学、大学、文化馆、图书馆、美术馆、博览会建筑、学术交流中心、科研楼、实验室等与文化教育有关的建筑。文化教育交互空间作为建筑内部的构成形式，在空间上是一个相互渗透、相互组合的空间整体系统。依形态与功能特征可以分为两种基本构成要素：一是面形或体形的节点空间，即"庭"空间；二是线型的穿越空间，即"廊"空间。各要素协调合作，共同构成内部公共性空间的有机整体，同时，各要素之间又有着复杂的相互作用和影响。这里以幼儿园、学校、图书馆为例，从功能分析、室内环境的设计原则及空间布局要求来分析空间设计。

图 2-17　奥地利儿童保育中心
　　三个巨大的 L 形联锁体块共同创造了两个户外庭院，其中还栽种了景观树木，为学生安装了沙坑等设施

2.3.2 文化空间室内设计的原则

（1）以功能需求为宗旨

按照不同的使用功能，文化建筑有相应的室内设计方法。从功能出发，以功能需求为宗旨是设计的基本原则。

（2）加强环境整体观

外部环境与文化建筑的功能实施有着重要的关系。

（3）科学性与艺术性并重

文化建筑的室内设计应将现代的技术与材料和艺术化处理完美地结合起来。

（4）时代感与历史性并重

设计要将历史的文脉延续到现代的形式中去。突破传统固有的模式，创造性地运用现代科学技术和现代设计理念，以新颖的现代材料去取代天然材料进行建筑材料的转换。

图 2-18　巴黎 Pajol 七色彩虹幼儿园
　　整个建筑物都处在色彩海洋当中，考虑到使用者主要是 3~6 岁的学龄前儿童，设计师们特意大量选择了暖色调作为整栋建筑的主配色，不但对应了活泼好动的孩子们的天性，也保证了建筑的色彩不会对孩子们的眼睛带来负担

2.3.3 幼儿园室内设计

幼儿园的室内设计不仅仅是一种空间建构，它更需要深入考虑的是外环境景观和室内设计趣味对儿童的影响，在幼儿园的室内设计中是否能达到教育幼儿的目的。

图2-19 斯洛文尼亚阿吉达幼儿园餐厅
　　幼儿园的室内形成了多种情感型空间，色彩丰富的墙壁、各种形状的家具设计，混合使用的材料，提供了多种多样的触碰体验，激发孩子们的学习。让学生在这些空间自由穿梭，从而培养他们的探索精神

图2-20 幼儿身量尺度（设身高为 H）
图2-21 巴黎 Pajol 幼儿园音体教室

（1）幼儿园的空间功能分析

幼儿园的室内功能空间包括生活用房、服务用房、供应用房。

生活用房包括活动室、寝室、卫生间、衣帽储藏室、音体活动室等。全日制托儿所、幼儿园的活动室与寝室宜合并设置。

服务用房包括医务保健室、隔离室、晨检室、保育员值宿室、教职工办公室、会议室、值班室及教职工厕所、浴室等。全日制幼儿园不设保育员值宿室。

供应用房包括幼儿厨房、消毒室、烧水间、洗衣房及库房等。

（2）幼儿园室内环境的设计要求

① 平面布置应功能分区明确、避免相互干扰，方便使用管理，有利于交通疏散。

② 严禁将幼儿生活用房设置在地下室或半地下室内。

③ 生活用房的室内净高：活动室、寝室、乳儿室不低于2.8m，音体活动室不低于3.6m。

④ 室内设计应符合幼儿的特点。

⑤ 生活用房应布置在当地最好的日照方位，并满足冬至日底层满窗日照不少于3h的要求。温暖地区、炎热地区的生活用房应避免朝西，否则应设置遮阳措施。

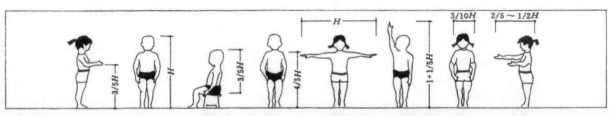

2.3.4 学校室内设计

学校建筑是人们为了达到特定的教育目的而兴建的教育活动场所，其品质的优劣直接影响到学校教育活动的正常开展，关系到学校人才培养的质量，同时它作为载体还是一个社会的教育思想与价值观念、经济与文化面貌等的具体体现者，因此其重要性不言而喻。

（1）学校的空间功能分析

① 各种教学活动的特定空间。教学活动空间在设计上主要应注意满足各特定空间的功能需要，设计上应充分研究空间的功能性质，在空间的尺度、空间质地、空间形状上深入推敲。在空间尺度研究上应根据使用对象的生理特点，考虑空间中的布置及尺寸感。空间质地研究主要考虑空间的采光、日照、通风条件及特殊功能的使用要求。

② 多层次交往性共有空间。学生的行为发展需要进行交往，以往学校建筑往往忽视了这一空间的重要性，学校课间交往只能利用教学楼层中窄长拥挤的走廊进行简单的活动和少量的交流，不利于人与人之间的信息交流，严重影响了教学质量。户内交流空间的营造可以通过宽敞的门厅、尺度适宜的过厅来实现，这些建筑元素既可再作为交通联系的部分，又可以发挥其在课间的交流及放松精神的作用。

③ 娱乐、活动空间。在校园规划中，娱乐活动场地可以是户外一块特定的带有特定娱乐设施的场地，如足球场、篮球场，也可以是室内的活动空间，如音体活动室或上人屋顶的活动空间等。这种空间要求更有亲和性、变化、趣味性。

④ 教师办公、学习、研究的空间。教师办公空间应有相对的独立性，又要方便与学生的联系，在平面组合设计时可在一部分相对开放的位置设置教师休息室，既可以作为教师课间休息之用，也可以充分利用其与学生交流，了解学生的思想。

（2）学校室内环境的空间构成与划分

① 基本功能空间构成 。设计专业教学楼功能空间分为以下几种情况。

a. 按照主要教学计划的要素可分为三个方面：教室、专业教育用房、管理和资源区。

Ⅰ. 教室用房：专用设计教室、评图室。

Ⅱ. 专业教育用房：美术教室、计算机房、实验室、展厅、报告厅。

Ⅲ. 管理和资源区：普通办公室、资料室、研究所、工作室。

b. 按照功能对空间的私密程度的不同要求对空间进行分类，可分为公共空间、半公共半私密空间、私密空间。

Ⅰ. 公共空间：报告厅、沙龙、图书馆、资料室等，以及开敞的公共空间。

Ⅱ. 半公共半私密空间：学生专教、讨论教室、讲课教室。

Ⅲ. 私密空间：教师办公室、工作室、行政办公室。

② 空间的分隔与划分。对教室空间的分隔与划分的目的是为适用不同的教学目的或者是不同的教学单元提供不同的空间领域。

a. 利用建筑构件的分隔，适用于开放式大设计室。梁和楼板对空间的分隔属于水平方向的，夹层也是一个水平分隔空间的手段。

图 2-22 VUC Syd 教育中心
这个学校拥有一个充满活力与美丽的教育环境，其没有传统的教室，没有布置永久性教室有利于灵活的空间的分布和分配学生，因此内部环境活力激荡充满效率。组团式的区域氛围演讲室、对话隔间、静音区、体育区等多种多样的空间，能适应多样化的教育方法

图 2-23 VUC Syd 教育中心
学校的地面层作为公共层提供大规模的公共空间，比如大型文化咖啡厅和演讲厅

图 2-24　塞伊奈约基市图书馆
　　天窗提供自然光线，满足小型阅览空间阅读的需求

图 2-25　武藏野大学图书馆
　　设计师尝试用书架来做建筑，将书架设计为图书馆的内墙，就像是一座书的森林，运用螺旋形的大书架构成室内的检索空间使人们能够方便有序地查找图书，并在螺旋的书架墙面上洞开多扇大门以保证人们可以在室内自由穿梭

b. 利用家具进行分隔。教室空间中通常利用家具来划分空间以取得良好效果，从而确定其个人领域，类似于现代办公空间的空间布局方式。专属的绘图桌椅是设计教室内个人领域空间的限定要素，而空间的尺度也可大致有一个量化的标准，通过调查比较分析，平均每人所占面积应大于 $2.5\text{m}^2/$ 人。

2.3.5　图书馆室内空间设计

图书馆源于保存记事的习惯。图书馆是为读者在馆内阅读文献而提供的专门场所。图书馆的阅览室一般分为普通阅览室、专门阅览室和参考研究室三种类型。

（1）图书馆的空间功能分析

① 入口部分。包括入口、存物、出入口的控制台、门卫管理等。入口处要求与其他部分联系方便，并且便于管理。

② 信息服务区。包括目录厅、出纳台、计算机检索区域等。读者可以由入口直接到达这个区域，并且能方便地到达各种阅览室。

③ 阅览区。现代图书馆的阅览区是一个开敞的空间，集阅、藏、借、管为一体，为读者提供多种选择性。阅览区应能容易到达，并且应与基本书库有方便的联系。空间应有较大的灵活性，适应开架阅览和功能变化的需要。

④ 藏书区。包括基本书库藏书区、辅助书库藏书区、储备书库藏书区、特藏书库藏书区。藏书区与阅览区既要分隔又要有方便地联系。藏书区要有单独的出入口，便于运送图书。

⑤ 馆员工作和办公区。包括行政办公和业务用房等。办公区要与馆内其他部分有方便地联系。大型图书馆办公区必须有独立的出入口。

⑥ 公共活动区。该区属于动态空间，包括报告厅、展览厅、书店等。

⑦ 书库。包括基本书库、辅助书库、储备书库、特藏书库四类。

a. 基本书库：图书馆的主要藏书区，对全馆藏书起总枢纽、总调度作用，具有藏书量大、知识门类广的特点。

b. 辅助书库：采用闭架管理时图书馆为读者服务的各种辅助性书库。如外借处、阅览室、参考室、研究室、分馆等部门所设置的书库。

c. 储备书库：是存储重要但使用率较低的实体文献的书库。

d. 特藏书库：收藏珍善本图书、音像资料、电子出版物等重要文献资料、对保存条件有特殊要求的库房。

（2）图书馆室内环境的空间布局要求

① 主要功能分区。根据图书馆的性质、规模和功能，分别设置藏书、借书、阅览、出纳、检索、公共及辅助空间和行政办公、业务及技术设备用房。

② 便捷清晰流线。建筑布局应与管理方式和服务手段相适应，合理安排采编、收藏、外借、阅览间运行路线，使读者、管理人员和书刊运送路线便捷畅通，互不干扰。

③ 结构合理。各空间柱网尺寸、层高、荷载设计应有较大的适应性和使用的灵活性。藏、阅空间合一者，宜采取统一柱网尺寸，统一层高和统一荷载。

④ 垂直交通。四层及以上设有阅览室时，宜设乘客电梯或客货两用电梯。

图 2-26 塞伊奈约基市图书馆

开放台阶成为图书馆中的阅览区，被设置在两个藏书区之间，方便读者阅览使用。开放台阶互动空间设计，既可以作为阅览区使用，又可以在特定的情况下满足其他功能需求

2.4 商业建筑室内设计

2.4.1 商业空间概述

商业是以商业流通业（批发、零售业等）为中心的、进行多种多样的商品买卖和服务供给的产业。狭义上的商业建筑是指供商品交换和商品流通的建筑。随着商品种类和交换的不断发展，目前商品建筑类别日益繁多。

现代百货商场不仅是顾客购物的场所，也是企业展示自身形象、宣传品牌产品的场所，同时具有购物、休闲等多种功能。有的大型综合性商场也兼有餐饮功能。在艺术设计上讲究室内设计室外化，将室外景观和室内景观融为一体，室内基础照明要充足，而不留死角。每一个楼层、每一个功能区域的划分要体现卖点，要各有特色。整体风格要有统一感，装修讲究明、透、亮，商品货架以开放式为主。

2.4.2 商业建筑分类和功能

（1）商业建筑的分类

商业建筑按照其经营的性质和规模通常分为以下几种。

① 专业商店。又称专卖店，是经营专一品牌的商店。专业商店注重商品的多品种、多规格、多尺码。

② 百货商店。是经营种类繁多商品的营业场所，使顾客各得所需。

图 2-29、图 2-30　北京来福士广场
设计公司：英国思邦设计公司
本地设计：北京三磊建筑设计院
灯光设计：英国莱亭迪赛灯光设计
　　来福士广场如同一个微型城市，为本地区人们的生活、工作、餐饮、购物、运动及娱乐缔造了内部纽带。这是一个纯粹的城市项目，着重于打造一个新兴的、融合多个独立因素在内的公共空间，并使其融入整个城市

　　③ 购物中心。是大型的购物、休闲场所。其特点是满足消费者多元化的需要，设有大型百货商店、专卖店、饭店、银行、娱乐场所、停车场、绿化广场等。

　　④ 超级市场。是一种开架售货、直接挑选、高效率的综合商品销售场所。

　　（2）商业建筑的功能

　　随着人们的物质文化水平的不断提高，商业建筑的类型也日益增多，其功能正向多元化、多层次方向发展，一方面表现在购物的形态更加多样，如商业街、购物广场、超级市场等；另一方面表现购物内涵更加丰富，不仅仅局限于单一的服务与展示，而是表现出休闲性、文化性、人性化和娱乐性的综合消费趋势，总结为以下几点。

　　① 展示性。指商品的分类及有序的陈列和促销表演等商业基本活动。

　　② 服务性。指销售、洽谈、维修、示范等行为。

　　③ 休闲性。指提供的餐饮、娱乐、健身、酒吧等服务。

　　④ 文化性。指大众传播信息的媒介和文化场所。

2.4.3　商业建筑的基本特征和室内空间构成

　　（1）商业建筑的基本特征

　　① 功能多元化，综合化。功能的多元化、综合化是建筑综合体特有的

标志。在这里，商业建筑综合体又有其独特性，为商业活动提供平台作为商业建筑的主要功能，商业综合体的各项独立功能都是商业活动功能的补充和辅助。现代商业建筑不仅仅是购物场所，同时也是人们交流信息、休憩、娱乐、休闲的综合体。这些功能空间是行业功能空间的扩大化、延伸化。

② 位置突出，体量庞大。功能的多元化、综合化必然使建筑体量巨大，相应的建筑投资也会提高，也就要求其地理位置必须突出。大体量的综合功能建筑必然大尺度，大进深，这就需要大量的设备来解决产生的一系列问题。

③ 交通流线复杂，形式多样化。空间多样化，建筑体量大，必然带来交通问题。大量的、不同功能的空间需要满足大量的、不同目的的消费人群，就决定了交通流线的复杂性，必须采用多种形式的交通方式来分流人群，保证交通流线的畅通。

（2）商业空间的构成要素

商业空间主要由卖场（商品销售区域）、共用区域部分、后勤设施、停车场组成。

图 2-31、图 2-32 北京唤觉
设计公司：SAKO 建筑设计工社
设计师：迫庆一郎
面积：126.8m²
主要材料：顶棚、墙：木丝板
地面：亚麻油毡材料
　　"唤觉"是以环保作为理念成立的品牌。多年来，该品牌的服装与店铺设计都统一贯穿了这个理念。店内墙壁厚度有600mm，在墙壁上"挖"出了可挂衣服的空间；柱子上也有"挖"出来的展示空间。巧妙利用照明作用，使柱子和顶棚的相接处模糊，让墙、柱子和顶棚一体化

表 2-1 构成商业建筑的主要空间

构成要素	主要空间
卖场	售货区域、非售货区域（饮食、服务提供）
共用区域部分	入口、客用通道、楼梯、电梯、洗手间、休息室
后勤设施	事务室、仓库、员工室、行李存放处、垃圾处理、机械室
停车场	停车场、汽车道路、引桥、付费处、机械室、楼梯等

表 2-2 后勤设施空间

系统	主要空间、设备
商品管理部门	存放室、检验室、仓库、垃圾处理、加工处理
事务管理部门	办公室、金库室、会议室、管理室、中央监控室
从业人员部门	更衣室、休息室、员工食堂、厨房、员工洗手间
机械室部门	电气室、空调机械室、水槽、水泵室

图 2-33 自然工厂牛仔廊

这是一家位于日本青山的 Diesel 牛仔廊，由日本 Suppose Design Office 设计出品。自然工厂的设计是从店铺各个方向延伸出管状分支。假自来水管的设置模拟了茂密生长的树枝。随着管道从天花蔓延至墙壁，流行物件也分散安置在管道网络之间，向人们展示这种基础功能的东西也可以多样化，展现更高的价值

图 2-34 Marni 东京店

店铺内每个小单元都有它们独有的灯光，小小展示格的奢华质感和素净粗犷的混凝土墙面及地板形成了鲜明的对比，凸显了产品的设计感。光滑的大理石镶嵌在地面上，构图随意而散乱，却简洁地区分了店铺上不同展品展陈的区域

（3）复合商业建筑（购物中心）的空间配置

大型购物中心一般以核心商店为中心，各专卖店，饮食店等通过购物走廊（商业街）连接在一起。核心商店一般是百货公司或者批发商城等。另外，有的大型购物中心也将综合电影院或者大型娱乐设施作为中心。根据核心商店的数量（n）和购物走廊（商业街）的数量（m），大型复合式商业设施有以下分类。

① 1 核 1 廊型。在购物走廊的一端设置核心商店，在购物走廊的两侧设置各种专卖店和饮食店。由于购物走廊的另一端连接着火车站等客人数量较多的场所，所以形成了商业设施的另一个中心。

② 2 核 1 廊型。2 核 1 廊型可以说是市郊购物中心的原型。在购物走廊两端都设置有核心商店。从这一类型又可以分化出 2 核 2 廊型购物中心。

③ n 核 m 廊型。n 核 m 廊型购物中心从 2 核 1 廊型购物中心发展而来，在购物中心的四个角设置了核心商店。围绕核心商店配置了四通八达的购物走廊，极大地提高了顾客购物的方便程度。

图 2-35　Marni 东京店

　　重新定义了新一代 Marni 店铺的基本格调。设计师用一种直观上的改变给品牌带来了一股新鲜的感觉。室内设计和陈设的衣服与配饰相互交融，构成了一幅完美的画面。店铺内流畅优美的不锈钢挂衣架上悬挂着各种漂亮的成衣制品，它如柔软的缎带蔓延在空间中，给略显刚硬的空间带来了一丝温柔的气韵没，同时也区分出了鞋子展示区和前面展区的界限

2.4.4　商业建筑室内设计

商业建筑室内各功能空间的一般要求如下。

（1）营业空间

营业空间设计得是否合理、商业气氛的创造是否得当，在某种意义上来说决定了建筑设计的成败。营业空间应做到合理设计交通流线和购物流线。避免流线交叉和人流阻塞，为顾客提供明确的流动方向和购物目标，使顾客能够顺畅地浏览商品，避免死角。大中型商城应设电梯和自动扶梯，以方便顾客上下。

（2）仓储空间

除中心仓储外，营业厅宜同层设置分库及散仓，以减轻垂直货运压力。大中型商场至少应设有两部以上的垂直货运电梯。

（3）辅助用房

商业建筑辅助用房及其使用要求一般可以分为以下几种。

① 行政管理用房。大中型商场的行政管理用房包括经营管理者所需要的各种用房，如行政领导办公室、党政办公室、打印打字室、对外经营联络办公室、财会办公室、业务接待室、治安管理办公室、厂家办公室等。

② 服务空间。服务空间包括休息空间、卫生间、吸烟室、走道、楼梯间等。大中型商业建筑应按营业面积的 1%～1.4% 设置休息空间，其位置可在营业空间中部，并可结合中厅设置，以便于使用。

③ 设备用房。当设备用房设置在建筑主体内时，往往位于地下室。

④ 地下汽车库。5000m² 商场停产位指标 50～100 个，其中地下车库按照 100 辆以下的车位计算。汽车疏散坡道的宽度不应该小于 4m，双车道不宜小于 7m。汽车库坡度为 10%，汽车疏散坡道两端应设置不小于 3.6m 的缓坡，且缓坡坡度为坡道坡度的一半（5%）。

图 2-36、图 2-37　DJS 缀饰

　　缀饰在室内和企业形象设计上，运用了钻石和翡翠不同形状的"琢面"和共同的性质、化学构造，突出品牌的独特形象。为了达到这种效果，室内设计上运用比喻手法，把购物空间演绎成一颗"宝玉"，让顾客一睹钻石、翡翠两大商品的华贵。店铺空间以棱角为整体风格，倾斜的镜面不锈钢天花板映照出扭曲的镜像，增添店铺空间的雕刻美，再透过店面落地玻璃，投射出强烈的视觉冲击

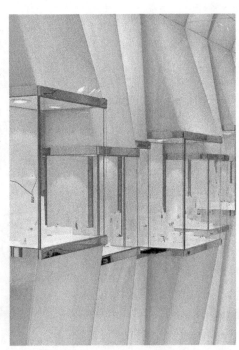

2.5 办公建筑室内设计

2.5.1 办公空间概述

办公空间是供机关、团体和企事业单位办理行政事务和从事各类业务活动的场所。办公空间的本质就是为人们提供一个通过劳动进行信息处理、交换，从而创造价值的群体工作场所。业主所要达到的经济效益与工作空间的链接需要一个全新的、广泛的定义，不只局限于形式与功能的定义，还使工作空间具备高效性、可视性和流通性。

图 2-38 SUNONE 办公空间

这是知名软件开发公司 SUNONE 的新办公室，室内最让人感到愉悦的设计在于遍布整个空间的玻璃幕墙。彩色 PVC 工业材料制成的条状幕墙在整个建筑中得到应用，这些幕墙不仅起到空间间隔和围合的作用，因为其透明的特质，还可以显示这个区域的私密程度。通过使用 PVC 状幕帘让空间保持了良好的开放度和透明度

2.5.2 办公空间的空间类型

（1）开放式办公空间

在开放式办公空间设计上，应体现方便、舒适、亲情、明快、简洁的特点，门厅入口应有形象的符号、展墙及接待功能的设施。高层管理人员的小型办公室设计则应追求领域性、稳定性、文化性和实力感。一般情况下紧连着高层管理人员办公室的功能空间是秘书、财务、下层主管等核心部门。

（2）半开放式办公空间

半开放式办公空间指由开放式办公空间和单间办公室组合而成的办公空间形式。

（3）单元型办公空间

单元型办公空间指在写字楼出租某层或某一部分作为单位的办公室。在写字楼中设有晒图、文印、资料、展示、餐厅、商店等服务用房供公共使用。通常单元型办公室内部空间可分隔为接待室及办公、展示等空间，还可根据需要设置会议、洗漱卫生等用房。

（4）公寓型办公空间

公寓型办公空间也称为商住楼，其主要特点是除办公外同时具有类似住宅、公寓的洗漱、就寝、用餐等使用功能。

（5）综合楼

综合楼是由两种及两种以上用途的楼层组成的公共建筑。

图 2-39、图 2-40 荷兰拉博银行总部新办公大楼底层

员工和来访者可以在多样的景观中工作、吃饭、阅读、会面。建筑作为有着不同功能的独立空间，与整齐的天窗和细柱组成的网连了起来，本质上，路线就自然形成

（6）商务写字楼

商务写字楼是在物业统一管理下，以商务为主，由一种或多种办公单元空间组成的租赁办公空间。

2.5.3 办公空间的分类及功能分析

（1）管理使用类型

① 单位或机构的专用办公楼。整栋大楼按本单位或机构的实际情况对空间进行整体策划和设计。

② 由开发商建设并管理的办公楼。该类型的办公楼出租给不同的客户，各用户按各自的需要策划、规划空间。

③ 智能型和高科技的专业办公楼。整体公共空间通道、楼梯、大堂由开发商统一策划设计，各单位空间由用户自行设计。

（2）办公空间的功能性质类型

① 行政性办公空间。如各级机关、团体、事业单位以及各类经济企业的办公楼。

② 专业性办公空间。如各类设计机构、科研部门以及商业、贸易、金融等行业的办公楼。

③ 综合性办公空间。即同时具有商场、金融、餐饮、娱乐、公寓及办公室综合设施的办公室。

图 2-43　一个私人的家庭办公室

男主人为自己精心设计出了一个蜗居在自家草坪上的独立书房。置身内部办公，全景式的整体落地玻璃，满目青绿，徜徉在暖洋洋的午后阳光中无比惬意，工作着享受着

（3）景观及智能型办公建筑空间

① 景观办公建筑空间。景观办公建筑是一种相对集中"有组织的自由"的一种管理模式，它有利于发挥办公工作人员的积极性和创造能力，具有工作人员个人与组团成员之间联系接触方便、易于创造感情和谐的人际和工作关系等特点。以家具和绿化小品对办公空间进行灵活隔断，且家具、隔断均为模数化，且具备灵活拼接组装的可能。

② 智能型办公空间。智能型办公空间是通过计算机技术、控制技术、通信技术和图形显示技术来实现的。它的基本构成要素是：舒适的工作环境、高效率的管理和办公自动化系统、开放式的楼宇自动化系统。

图 2-44　鹿特丹的 Eneco 公司总部大楼

这是一个完美的可持续性工作环境。办公区智能、高效、动态、开放、健康、灵活是欧洲最好的办公区之一。建筑采用高效垃圾回收系统，照明使用节能 LED 灯光。这里的环境多种多样，有标准的办公隔间，单间，个人工作桌，团队大桌子，会议室，非正式会议区。开放和封闭，私人和公共，安静和活力并存，每个人都可以找到自己想要的

图 2-45　鹿特丹的 Eneco 公司总部大楼

室内外的种植绿墙让环境品质提升，为人们带来更多的自然绿意

图 2-46 阿姆斯特丹的欧华律师事务所（
DLA Piper Office）

　　欧华律师事务所是世界上最大的律师
事务所，该设计策略的关键问题是在整栋
建筑内打造两个不同的丰富多彩、清爽、
现代、自然、经典和清新的氛围

图 2-47　欧华律师事务所室内设计平面图

2.5.4 办公建筑内部空间的功能划分

（1）办公用房

办公建筑室内空间的平面布局形式取决于办公楼本身的使用特点、管理体制、结构形式等；办公室的类型可有小单间办公室、大空间办公室、单元型办公室、公寓型办公室、景观办公室等。

（2）公共用房

公共用房是指供办公楼内外人际交往或内部人员聚会、展示等的用房，如会客室、接待室，各类会议室、阅览展示厅、多功能厅等。

（3）服务用房

服务用房是为办公楼提供资料及信息的收集、编制、交流、贮存等服务的用房，如资料室、档案室、文印室、电脑室、晒图室等。

（4）附属设施用房

附属设施用房是为办公楼工作人员提供生活及环境设施服务的用房，如开水间、卫生间、电脑交换机房、交配电间、空调机房、锅炉房以及员工餐厅等。

2.5.5 办公室内环境的设计原则及空间布局要求

（1）办公室内环境的设计原则

办公室环境的总体设计原则是：突出现代、高效、简洁与人文的特点，体现自动化，并使办公环境整合统一。

办公室的主要功能是工作、办公。一个经过整合的人性化办公室所应具备的条件不外乎是自动化设备、办公家具、环境、技术、信息和人性六项，这六项要素齐全之后才能塑造出一个很好的办公空间。通过"整合"，我们可以把很多因素进行合理化、系统化的组合，达到它所需要的效果。

图 2-48、图 2-49　欧华律师事务所

　　第一种氛围是由鲜艳的色彩搭配简单的白色。第二种氛围用柔和的颜色与天然材料，如木材营造，该氛围更安静。在两个功能空间之间建立清晰的界限，因此也为该建筑带来了多样性

在办公室中，设计师并不一定要对现代化的电脑、电传、会议设备等科技设施有绝对性的了解，但应该对这些设备有起码的概念，因为如果设计师在设计办公室时，只重视外在表现的美，而忽略了实用的功能性，使得设计不能和办公室设备联结在一起，将丧失办公环境的意义。

（2）办公室内环境空间布局的总体要求

① 掌握工作流程关系以及功能空间的需求。办公室是由各个既相互关联又具有一定独立性的功能空间所构成的，而办公单位的性质不同又带来功能空间的设置不同，这就要求设计师在构思前要充分调查了解该办公环境的工作流程关系以及功能空间的需求和设置规律，以有利于设计实现因地制宜及目标的建立。

② 确定各类用房的大致布局和面积分配比例。设计师需要根据办公室空间的使用性质、建筑规模和相关标准来确定各类用房的大致布局和面积分配比例，既要从现实需要出发，又要适当考虑功能、实施等在以后变化时进行调整的可能性。

③ 确定出入口和主通道的大致位置和关系。一般来说，与对外联系较为密切的部分靠近出入口或主通道，不同功能的出入口应尽可能单独设置，以免相互干扰。

④ 注意便于安全疏散和便于通行。袋形走道远端房间门至楼梯口距离不大于 22m，且走道过长时应设采光口，单侧走道净宽不小于 1.3m，双侧走道不小于 1.6m，通行推床的走道净宽不小于 2.1m，走道净高不得低于 2.1m。

⑤ 把握空间尺度。设计师需要根据人体尺度把握舒适合理的空间尺度。一般情况下，办公空间的面积定额为 3.5 ～ 6.5m²/ 人。办公室净高应不低于 2.6m。窗地面积比约为 1:6。

（3）办公空间的其他设计要点

办公空间的其他设计要点还有环境因素，现代化科技的发展与应用，信息、文件的处理，人性、文化、传统的因素，办公心理环境以及企业形象的展示。

图 2-50、图 2-51　办公室内的休闲空间
　　工作区域的设计侧重于生产性、效率性和舒适性，符合工作活动的规律和办公工作的。休闲空间作为缓解员工紧张工作的休息放松、交流娱乐区域，是办公空间人性化标志之一

图 2-52　Kustermann 园区
　　设计的复杂部分是通过对空间的扩展来呈现，设计的连续性引导参观者到了一楼的培训区。光在设计中起着决定性的作用。灯槽和平淡无奇的轮廓使得结构的可塑性增强

图 2-53　开放式的会议空间用全透明的玻璃进行分隔，这种无视线遮挡的分隔方式可以体验生动的会议室气氛，并且使会议空间的日光条件大幅提升

　　提高办公建筑室内环境的质量，充分关注现代办公建筑的发展趋势，是办公建筑室内设计必须着重考虑和了解的内容。新的办公行为和办公方式的出现引起办公观念的改变，也必然在建筑空间组织、办公室内布局、办公设施配置上带来不少新的要求和问题，其中一些办公方式具有充分利用和节约办公空间，节省投资，减轻办公人员上下班时的劳累，适应弹性工时的实施，从而提高办公效率。

思考延伸：

1. 观演空间的平面布置形式有几种？作为观演空间的精华，剧场舞台形式一般有几种？

2. 复合商业建筑的空间配置分成几类？各功能空间的设计要求是什么？

3. 办公建筑内部空间的功能划分有几类？办公室内空间的设计原则及空间布局要求是什么？

第3章 公共空间的技术设计

3.1 室内照明设计

3.1.1 室内照明设计概述

室内照明设计对室内设计具有实用性和艺术性两方面的作用，这是室内照明设计的本质。照明的实用性是指在室内通过照明人们可以进行日常的活动，同时照明要符合人们的基本需求，不可过暗或过亮，否则会影响人的生理或心理健康。照明的艺术性就是用室内照明创造不同功能空间的气氛。总之，利用室内照明进行实用性、艺术性设计就是对室内进行加工，以满足人们的功能需求和心理需求。

图 3-1　上海施华洛世奇潮流及产品应用中心

设计意念来自水晶的光学现象，通过仿效水晶精密的切面所得出的折射及反射效果作为根据。设计师利用了这一现象的特性，通过室内设计的技术和计算，营造出两组变化多端的曲折面，利用亮丽的珍珠漆来展现折面在不同受光及反光条件下的既散又聚的奇妙视觉效果

3.1.2 基本光度单位

（1）照度

光源在某一方向单位立体角内所发出的光通量叫做光源在该方向的发光强度，单位为坎德拉（cd）；被光照的某一面上其单位面积内所接收的光通量称为照度，其单位为勒克斯（lx）。

（2）光色

光色主要取决于光源的色温，单位为开尔文（K），并影响室内的气氛。色温低，感觉温暖；色温高，感觉凉爽。一般色温 <3300K 为暖色，3300K< 色温 <5300K 为中间色，色温 >5300K 为冷色。光源的色温应与照度相适应，即随着照度增加，色温也应相应提高。

（3）亮度

亮度作为一种主观的评价和感觉，和照度的概念不同，它是表示由被照面的单位面积所反射出来的光通量，也称发光度，因此与被照面的反射率有关。

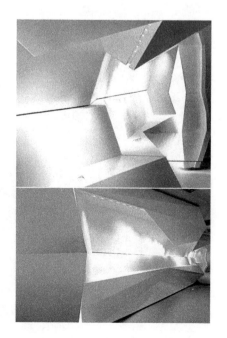

（4）材料的光学性质

光遇到物体后，某些光线被反射，称为反射光；光也能被物体吸收，转化为热能，使物体温度上升，并把热量辐射至室内外，被吸收的光就看不见；还有一些光可以透过物体，称透射光。这三部分光的光通量总和等于入射光通量。

3.1.3 散光方式和灯具类型

利用不同材料的光学特性，利用材料的透明、不透明、半透明以及不同表面质地制成各种各样的照明设备和照明装置，重新分配照度和亮度，根据不同的需要来改变光的发射方向和性能，是室内照明应该研究的主要问题。

（1）散光方式

多样的灯具种类使光源的散光方式有所不同。下面列举几种主要的散光方式。

① 间接照明。由于将光源遮蔽而产生间接照明，把90%～100%的光射向顶棚、穹窿或其他表面，从这些表面再反射至室内。当间接照明紧靠顶棚，几乎可以造成无阴影，是最理想的整体照明。从顶棚和墙上端反射下来的间接光，会造成天棚升高的错觉，但单独使用间接光，则会使室内平淡无趣。

② 半间接照明。半间接照明将60%～90%的光向天棚或墙上部照射，把天棚作为主要的反射光源，而将10%～40%的光直接照于工作面。从天棚来的反射光，趋向于软化阴影和改善亮度比，由于光线直接向下，照明装

图3-2　不同光照位置，对质地、色彩的影响

在正面受光时，常起到强调该色彩的作用；在侧面受光时，由于照度的变化，色彩将产生彩度、明度上的退晕效果，对雕塑或粗糙面，由于产生阴影而加强其立体感和强化粗糙效果；在背光时，物体由于处于较暗的阴影下面，则能加强其轮廓线成为剪影，其色彩和质地相对处于模糊和不明显的地位

图 3-3 阿尔蒙特 Dezeen 剧院

　　灯光设计师通过灯光的明暗、隐现、抑扬、强弱等有节奏的控制，充分发挥灯光的作用，采用透明、反射、折射等多种手段，创造宁静幽雅、怡情浪漫、富丽堂皇、神秘莫测等艺术情调气息，为人们的生活环境增添丰富多彩的情趣

置的亮度和天棚亮度接近相等。具有漫射的半间接照明灯具，对阅读和学习更可取。

　　③ 直接间接照明。直接间接照明装置对地面和天棚提供近于相同的照度，即均为 40%～60%，而周围光线只有很少一点。这样就必然在直接眩光区的亮度是低的。这是一种同时具有内部和外部反射灯泡的装置，如某些台灯和落地灯能产生直接间接光和漫射光。

　　④ 漫射照明。这种照明装置，对所有方向的照明几乎都一样，为了控制眩光，漫射装置圈要大，灯的瓦数要低。

　　上述四种照明，为了避免天棚过亮，下吊的照明装置的上沿至少低于天棚 30.5～46cm。

　　⑤ 半直接照明。在半直接照明灯具装置中，有 60%～90% 光向下直射到工作面上，而其余 10%～40% 光则向上照射，由下射照明软化阴影的光的百分比很少。

　　⑥ 宽光束的直接照明。具有强烈的明暗对比，并可造成有趣生动的阴影，由于其光线直射于目的物，如不用反射灯泡，要产生强的眩光。鹅颈灯和导轨式照明属于这一类。

　　⑦ 高集光束的下射直接照明。因高度集中的光束而形成光焦点，可用于突出光的效果和强调重点的作用，它可提供在墙上或其他垂直面上充足的照度，但应防止过高的亮度比。

图 3-4 西班牙马德里素食餐厅

　　把灯光照射出来的光范围用鲜艳的黄色标识出来，坐落于马德里的纯素食餐厅以激动人心的短暂装置为特色

图3-5　北京来福士广场幕墙设计
　　设计理念是将其原本看似毫无生气的空间打造成动感外层。幕墙表面由黑白相间的玻璃单元组成。小块的黑白斑点布满幕墙表面。斑点的面积故意加大以便远距离也清晰可见，有同样斑点的铝板被置于距离玻璃15cm的背后，这样使立面看上去有纵深感，并且重叠的斑点在人移动时会产生变化

图3-6、图3-7　荷兰拉博银行总部新办公大楼会议厅
　　桑德设计公司设计的会议厅是用纸板打造的，再加上天窗处悬挂的日本纸张制成的灯笼，营造了一种独特的触觉体验。纸板打造的会议厅，以漂亮的图案为其特点，同一材质，不同的用法，让人忍不住想要触摸

（2）灯具类型

　　如何能在众多的灯具中挑选适合空间特征的灯具呢？首选，灯具的尺度要与空间大小协调，并与空间整体风格相一致。灯具的种类繁多，除了应注意上述要求外，灯具的使用功能也不容忽视，首先要符合空间的用途，其次考虑符合空间的性格。解决好这些问题，会使室内空间与灯具起到相互衬托的作用。灯具有如下几种类型。

　　① 嵌顶灯。嵌顶灯是指安装在天花板内部的灯具，暴露部分一般与天花板平齐，光量直接投射在室内空间。办公室、教室、图书馆多选用这种类型的灯具。

　　② 吊灯。吊灯是指直接安装在天花上的灯具。住宅中的客厅、酒店的大堂、商业空间常常使用吊灯。它不仅可以满足室内照度，而且可以烘托空间气氛。

　　③ 壁灯、吸顶灯。壁灯是指安装在墙壁上的灯具，造型简洁、光线柔和，适用于卧室、走廊等。壁灯是空间中的辅助灯具，起到局部照明的作用。吸顶灯是指将灯具直接安装在天花板面上的灯具，它光线较强，可以用在住宅的卧室和厨房。吸顶灯是空间的主要照明灯具。

　　④ 巢灯。巢灯也可以成为"反光巢灯"，或结构式照明装置，是固定在天花板或墙壁上的现状或面状的照明，常选用日光灯管形式。通常有顶棚式、檐板式、窗帘遮蔽式和发光墙等多种做法。一般不会直接看到灯具，常用来做背景或装饰性光源。

　　⑤ 移动灯具。移动灯具包括台灯、落地灯、轨道射灯。它是可以根据需要自由放置的灯具。它是室内的辅助灯具，一般用来加强局部的亮度，适合阅读或休息，使用方便、灵活。

3.1.4 照明方式

大多数室内空间都会由基础照明和重点照明组成，有些空间还要有装饰照明和艺术照明。利用照明器具结合吊顶可以设计出丰富多彩的室内光环境。

常用的照明形式分为以下六种。

（1）发光顶棚照明

发光顶棚照明形式的特点就是指天花利用乳白色玻璃、磨砂玻璃、晶体玻璃、遮光格栅等透明或半透明漫射材料做成的吊顶，在吊顶内安装灯具。当灯光齐明时，整个天花通明。发光顶棚常用于会议室、会客厅、商场等场所。

（2）光梁、光带

将顶棚以半透明材料设计成向下凸出的梁状，内置灯具，便成为光梁。光梁不仅所起到光照的作用，同时也形成了走道的序列空间。

将半透明漫射材料与顶棚平拼成带状布置时，便成为光带。

（3）光檐

光檐也可称为暗槽，是将光源隐藏于室内四周墙与顶的交界处，通过顶棚和强反射出来的光线照明。所以按照方式来讲光檐也是一种间接照明。

（4）内嵌式照明

内嵌式照明是将直射照明灯具嵌入顶棚内，灯檐与吊顶平面对齐。在宾馆餐厅、酒吧间常采用点光源直射照明灯具嵌入顶棚内，以增强局部照明或烘托气氛。这种照明方式多用于顶棚色调较暗的室内。在餐厅、舞厅四周下垂的顶棚上，就常嵌入此种灯具。

（5）网状系统照明

网状系统照明是指灯具与顶棚布置成规律的图案或利用镜面玻璃、镀铬、镀钛构件组成各种格调的灯群，是室内的重要照明。此种照明方式常出现在大型的空间中，主要体现建筑物的华丽，多用于宾馆、酒楼。

（6）图案化装饰照明

图案化装饰照明是指一种用特种耐用微型灯泡制成的软式线型灯饰，简称串灯组。这一类型的串灯具有柔软、光色柔和艳丽、绝缘性能好、节能、防水、防热、耐寒、安装简单且易于维修等特点。这种照明方式多适用于外部灯光造景、商业广告、宾馆、各种文化娱乐场所及旅游商业等做广告、标志、气氛点缀及渲染。

3.1.5 室内照明设计的原则

照明满足了人们对光线的要求，同时也具有增强室内空间效果和装饰效果、烘托气氛的作用。由此，可以将室内照明的设计原则归纳为以下四个方面。

（1）功能性原则

灯光照明设计必须符合空间功能的要求，根据不同的空间、不同的场合、不同的对象选择不同的照明方式和灯具，并保证恰当的照度和亮度。

（2）美观性原则

灯光照明是装饰美化环境和创造艺术气氛的重要手段。灯具不仅起到了保证照明的作用，而且十分讲究其造型、材料、色彩、比例、尺度，灯具已

关注：

应按照空间的大小、功能设计不同的光亮度，使人们的生活、工作、学习能舒适自如地进行；同时由于光的照射所形成的光影也很好地表现了空间轮廓、层次造型、室内陈设的立体效果。灯具本身就是一件艺术品，设计师要充分注意和表现灯饰的艺术效果。此外灯具的安装和亮度要科学，避免直射入眼，还应节约用电；安全性也是室内照明需要注意的方面。

图 3-8　美阁家饰台北大直店

低调内敛的空间设计，就像是一个舞台，将该潜藏的部分收起来，通过造型进行烘托，以灯光进行聚焦，让产品成为舞台上的主角，演绎其独特的性格，吸引品味相通的顾客

成为室内空间不可缺少的装饰品。在室内空间中，恰当地配置装饰照明，会大大增加空间层次感，有效地渲染环境气氛。在现代住宅建筑、公共建筑、商业建筑和娱乐性建筑的环境设计中，灯光照明更成为整体的一部分。

（3）经济性原则

灯光照明并不是以多为好，关键是要科学合理。灯光照明设计是为了满足人们视觉和审美心理需要，使室内空间最大限度地体现实用价值和欣赏价值，并达到使用功能和审美功能的统一。

（4）安全性原则

灯光照明设计要求绝对的安全可靠。灯具的安装和亮度要科学，避免直射入眼，还应节约用电。由于照明来自电源，必须采取严格的防触电、防短路等安全措施，以避免意外事故的发生。

3.1.6 公共空间照明分析

公共空间与居住空间的功能不同，因此照明要求和设计方法也大不相同。设计师必须科学地配置光源，结合室内风格创造合理的室内光环境。

公共场所的照明是给人创造舒适的视觉环境，以及良好照度的工作环境，并配合室内的艺术设计起到美化空间的作用。在公共建筑中，室内照明结合其他陈设起着控制整个室内空间气氛的作用，所以灯光设计不仅要充分考虑照明的功能要求，还要重视整个室内空间气氛的整体把握。

（1）楼梯照明

楼梯间是连接上下空间的主要通道，所以照明必须充足，平均照度不应低于100lx，光线要柔和，应注意避免产生眩光。

（2）办公室照明

办公空间最好的照明方式是"发光顶棚"或发光带式照明，在办公室和绘图桌上还可添加局部照明。台灯或工作灯一般使用白炽灯，但一定要有遮挡的灯罩，要求均匀透光，以免引起视觉疲劳。

（3）品牌商店照明

品牌商店照明应以吸引顾客、提高销售为标准，设计中要利用照明工具突出商品的优点和特点以激发顾客的购买欲望。不同的商品要求不同的照明形式。

（4）餐厅、饭店的照明

餐厅、饭店的灯光要求柔和，不能太亮，也不能太暗，室内平均照度在50～80lx即可。照明方式可采用均匀漫射型或半间接型，餐厅中部可用吊灯或发光顶棚的照明形式。设计者可以通过照明和室内色彩的综合设计创造出活跃、舒适的进餐环境来。

图3-9、图3-10　日本 Duras ambient
设计师以一种简单的方式表现店内的复杂陈设，而不仅仅是装饰。三角墙分割了店中心的空间。它们像跳跃的舞者一样舞出优美的间隙，把衣服挂在这样的间隙里，人们可以在间隙里穿行。三角墙前面和背面使用了不同的材料，使空间的表现力更加丰富。店内顾客越多，就能获得越丰富的视角。在这一空间里漫步，更像是观赏一幅流动的画，而不是静止不动的

3.2 室内色彩设计

3.2.1 室内色彩设计概述

色彩是任何事物都具有的。室内环境的各个组成要素均有其不同的色彩，这些色彩的总和形成室内环境的色调。一种特定的色调往往对应于一种特定的环境气氛。因此，不同的环境色调给人以不同的感受。

色调不仅取决于物体的颜色，还取决于这些物体的形状与质感，所以我们不能把色彩设计作为一个孤立的问题，而必须贯穿于室内设计的全部过程中。

室内环境色彩设计，主要是指在室内环境设计中，根据设计的具体要求和设计规律来选择室内色彩的主基调，使色彩在室内环境的空间位置和相互关系中，按色彩的规律进行合理的配置和组合，从而构造出使人惬意的室内环境空间。

在进行室内色彩设计时，首先应明确空间的使用目的。其次考虑设计空间的大小、朝向和设计风格，设计师可以根据色调对空间进行调整。再次，根据使用者的年龄、性别，以及其对色彩的要求进行区分设计。室内色彩的基本要求，实际上就是按照不同的设计对象有针对性地进行色彩配置。统一组织各种色彩（包括色相、明度、纯度）的过程就是配色过程。良好的室内环境色调，总是根据一定的色彩规律进行组织搭配，总体原则应是大调和小调对比。也就是说，空间维护体的界面、地面、墙体、天花等应采用同一原则，使之和谐统一，而室内陈设，如家具、饰品，则应成为小面积对比的色彩，只有这样，才能设计出功能合理、符合人心理和生理需求的室内空间效果。

图 3-11　国广一叶厦门设计分公司办公会所

　　槽钢、青石、红木、玻璃等个性十足的材质运用于不同的区域。以红、黑、白这些富含中国先秦文化色彩为主色调，天花板装饰以中国剪纸式样的个性灯饰，再配以中国古典的家具，结合现代的技术与欧式大面积的落地窗、镜子以及日式的陈设，将中式和日式，东方和西方，古典与现代结合

图 3-12　美国波士顿蒙太奇酒店

3.2.2 色彩三要素和配色原理

（1）色彩三要素

我们把色彩分为两大类：无彩色系与有彩色系。无彩色系是指有白色、黑色及介入两者之间的各种灰色组成的色彩系列。无彩色系中颜色的区别仅在于明度上的不同，越接近白色，其明度越高；反之则低。

有彩色系中的颜色要依其色相、纯度和明度来加以区别，它们被称为色彩的三要素。

① 色相。色相是颜色最基本的性质，也就是我们用以标明不同颜色的名称，如玫瑰红、橘黄、柠檬黄、钴蓝、群青等。

② 纯度。色彩的纯度说明一种颜色的纯净程度。一种颜色中所含的有效成分越多，色彩的纯度越高。纯度最高的色彩是三原色。在原色中无论加入任何一种颜色，都会降低其纯度。物体的表面状况会改变其颜色的纯度。表面粗糙的物体，漫射的光线会降低其颜色的纯度。色彩的纯度亦可称为色彩的饱和度、彩度、鲜艳度、含灰度等。

③ 明度。明度表示色彩的明亮程度。由于物体表面反射光线的能力不同，而会体现出不同的明度。不同色相的颜色有不同的明度，在常见的七彩中，黄色的明度最高，而紫色的明度最低。

（2）配色原理

统一地组织各种色彩的色相、明度和纯度的过程就是配色的过程。

良好的室内环境色调，总是根据一定的秩序来组织各种色彩的结果。这些秩序有同一性原则、连续性原则和对比原则。

图 3-13、图 3-14　奥地利儿童保育中心 MAGK + illiz architektur

白色的建筑外立面上设计了几何形的窗户和框架方盒体量，这种动感的设计元素与色彩大胆的校园步道形成对比。像素化的立面将有趣的色彩与特殊功能空间结合，包括游戏区和方盒座椅，它们作为建筑元素提供了多种功能，包括天窗、入口、垃圾桶和特殊开口等。圆形长凳专门根据儿童尺度设计，分散布置在校园周围，与活跃的环境氛围相对比

图 3-15　意大利的 HITGallery 概念零售店

门店力求在全球化的同质浪潮中凸现出品牌自身浓浓的意大利风格。设计中运用古典式对称结构和排列有序的拱门，配色中运用性天蓝色为室内主色，经典黑白色为地板色调。这个具有完美品位和超棒视觉感的零售店面显得如此独特并让人印象深刻

图 3-16　阿格拉剧院
一个极其绚丽多彩的剧院，通过色彩的搭配制造梦幻创造魅力

① 同一性原则 。根据同一性原则进行配色，就是使组成色调的各种颜色或具有相同的色相，或具有相同的纯度，或具有相同的明度。在实际工程中，以有相同的色彩来组织室内环境色调的方法用得较多。

② 连续性原则 。色彩的明度、纯度或色相依照光谱的顺序形成连续的变化关系，根据这种变化关系选配室内的色彩，即是连续性的配色方法。采用这种方法，可达到在统一中求得变化的目的。但在实际运用中需谨慎行事，否则易陷于混乱。

③ 对比原则 。为了突出重点或为了打破沉郁的气氛，可以在室内空间的局部上运用与整体色调相对比的颜色。实际运用中，突出色彩在明度上的对比易于获得更好的效果。

在选配室内色彩的全过程中，上述的三个原则构成了三个步骤。同一性原则是配色设计的起点，根据这一原则，确定室内环境色调的基本色相、纯度和明度。连续性原则贯穿于室内配色设计的推敲过程中，确定几种主要颜色的对应关系。对比原则体现为室内配色设计的点睛之笔，以赋予室内环境色调一定的生气。

简言之，配色的关键在于使室内环境色调的诸色彩在整体上呈现出一种均衡，在明度、色相和纯度的变化上有一种均匀的节奏间隔。

（3）配色设计

① 图形与背景。不同的颜色给人以不同强度的视觉刺激。随机地布置许多色块，其中给人以较强视觉刺激的色块更能抓住人的注意力，从而成为

图 3-17 建造在奥地利阿尔卑斯山上的奥迪公司

建筑内部采用开放式的平面布局、大胆的图形和棱角分明的金属线条，外部庭园墙壁和家具大胆运用红色油漆，在雪山的映衬下红与白的强烈对比显得用色朴素而又冲击力强

图 3-18 西班牙建筑事务所 Selgas Cano

位于马德里的这间办公室，位置、整体设计都不由得不令人艳羡。在大自然环绕下，办公室呈一个狭长、极其简约的盒状。以色彩来划分室内空间，办公区域为白色，交通空间为黄色，墙面和顶面为不同纯度的绿色。由于建筑一半露于地面、一半埋于地下，坐在办公室里，员工们透过办公室的玻璃窗望到的是一大片郁郁葱葱的森林

图像的中心，这些色块称为图形。其他色块则称为这个图形的背景。

根据这一规律，在配色设计中我们应当注意：图形的颜色应比背景的颜色更明亮更鲜艳。明亮鲜艳的颜色面积要小。

② 整体色调。整体色调决定了色彩环境的气氛。整体色调决定于各种颜色的色相、明度、纯度及色彩面积的比例。在配色设计中，首先要确定大面积的颜色，可根据所采用的配色方法来确定其他的颜色。一般来说，偏暖的整体色调造成温暖的气氛；偏冷的整体色调则产生清雅的格调；整体色调的纯度较高会给人以较强的刺激；整体色调的明度较高使人感到轻松；多种色彩的组合则会热闹非凡。

③ 配色平衡。颜色在感觉上有强弱和轻重之分，由此产生了配色平衡的问题。

为获得配色平衡可遵循的规律如下。

a. 减小纯度和暖色的面积以取得平衡。

b. 小面积的纯色与同样明度的大面积灰色配合时易取得平衡。

c. 明色与暗色相配时，明色在上而暗色在下更容易取得平衡。

④ 配色的重点。配色中若一味强调统一均衡，难免会流于平淡单调。在配色设计中突出重点，强烈室内整体色调的趣味中心，能够消除这种弊端。

实践中通常采用的方法如下。

a. 用更强烈的色调施于较小的面积上。

b. 在小面积上选择与整体色调相对比的颜色。

c. 注意极小面积上的用色。

d. 注意不可破坏整体色调的平衡。

3.2.3 室内色彩设计的基本要求和方法

（1）室内色彩的基本要求

在进行室内色彩设计时，应首先了解和色彩有密切联系的以下问题。

① 空间的使用目的。不同的使用目的，如会议室、病房、起居室，显然在考虑色彩的要求、性格的体现、气氛的形成各不相同。

② 空间的大小、形式。色彩可以按不同空间大小、形式来进一步强调或削弱。

③ 空间的方位。不同方位在自然光线作用下的色彩是不同的，冷暖感也有差别，因此，可利用色彩来进行调整。

④ 使用空间的人的类别。老人、小孩、男性、女性对色彩的要求有很大的区别，色彩应适合居住者的爱好。

⑤ 使用者在空间内的活动及使用时间的长短。学习的教室，工业生产车间，不同的活动与工作内容，要求不同的视线条件，才能提高效率、安全和达到舒适的目的。长时间使用的房间的色彩对视觉的作用，应比短时间使用的房间强得多。

⑥ 该空间所处的周围情况。色彩和环境有密切联系，尤其在室内，色彩的反射可以影响其他颜色。同时，不同的环境，通过室外的自然景物也能反射到室内来，色彩还应与周围环境取得协调。

⑦ 使用者对于色彩的偏爱。一般说来，在符合原则的前提下，应该合理地满足不同使用者的爱好和个性，才能符合使用者心理要求。

在符合色彩的功能要求原则下，应尽量充分发挥色彩在构图中的作用。

（2）室内色彩的设计方法

① 色彩的协调问题。室内色彩设计的根本问题是配色问题，这是室内色彩效果优劣的关键，孤立的颜色无所谓美或不美。色彩效果取决于不同颜色之间的相互关系，同一颜色在不同的背景条件下，其色彩效果可以迥然不同，这是色彩所特有的敏感性和依存性，因此如何处理好色彩之间的协调关系，就成为配色的关键问题。

我们把室内色彩概括为三大部分：

a. 作为大面积的色彩，对其他室内物件起衬托作用的背景色；

b. 在背景色的衬托下，以在室内占有统治地位的家具为主体色；

c. 作为室内重点装饰和点缀的面积小却非常突出的重点色或称强调色。

以什么为背景、主体和重点，是色彩设计首先应考虑的问题。同时，不同色彩物体之间的相互关系形成的多层次的背景关系。另外，在许多设计中，如墙面、地面，也不一定只是一种色彩，可能会交叉使用多种色彩，图形色和背景色也会相互转化，必须予以重视。

② 色彩的统一与变化。色彩的统一与变化，是色彩构图的基本原则。所采取的一切方法，均未达到此目的而做出选择和决定，应着重考虑以下问题。

a. 主调。室内色彩应有主调或基调，冷暖、性格、气氛都通过主调来体现。对于规模较大的建筑，主调更应贯穿整个建筑空间，在此基础上再考虑局部的、不同部位的适当变化。主调的选择是一个决定性的步骤，因此必须

图 3-19 配色丰富的走道空间

有些材料可以通过人工加工进行编织，如竹、藤、织物，有些材料可以进行不同的组装拼合，形成新的构造质感，使材料的轻、硬、粗、细等得到转化。同样的曲调，用不同的乐器演奏，效果是十分不同的；同样是红色，但红宝石、红色羊毛地毯，其性质观感是不同的。此外，同样的材料在不同的光照下，其效果也有很大区别。因此，我们在用色时，一定要结合材料质感效果、不同质地和在光照下的不同色彩效果

图 3-20 首尔元素小型展览馆

展厅内覆盖着镜像钢板，金黄色光影投射下反映了环境与轻物体变形的效果，从而激发想象力和绘画关注

和要求反映空间的主题十分贴切。即希望通过色彩达到怎样的感受，是典雅还是华丽，安静还是活跃，纯朴还是奢华。用色彩语言来表达不是很容易的，要在许多色彩方案中，认真仔细地去鉴别和挑选。

b.大部位色彩的统一协调。主调确定以后，就应考虑色彩的施色部位及其比例分配。作为主色调，一般应占有较大比例，而次色调作为与主调相协调（或对比）色，只占小的比例。

作为大面积的界面，在某种情况下，也可能作为室内色彩重点表现对象。例如，在室内家具较少时或周边布置家具的地面，常成为视觉的焦点，而予以重点装饰。因此，可以根据设计构思，采取不同的色彩层次或缩小层次的变化。选择和确定图底关系，突出视觉中心，例如：

用统一顶棚、地面色彩来突出墙面和家具；

用统一墙面、地面来突出顶棚、家具；

用统一顶棚、墙面来突出地面、家具；

用统一顶棚、地面、墙面来突出家具。

c.加强色彩的魅力。背景色、主体色、强调色三者之间的色彩关系绝不是孤立的、固定的，如果机械地理解和处理，必然千篇一律，变得单调。换句话说，既要有明确的图底关系、层次关系和视觉中心，但又不刻板、僵化，才能达到丰富多彩。

③ 室内色彩的设计方法。室内色彩设计需要用下列三个办法。

a.色彩的重复或呼应。即将同一色彩用到关键性的几个部位上去，从而使其成为控制整个室内的关键色。

b.布置成有节奏的连续。色彩的有规律布置，容易引导视觉上的运动，或称色彩的韵律感。

c.用强烈对比。通过对比，各自的色彩更加鲜明，从而加强了色彩的表现力。不论采取何种加强色彩的力量和方法，其目的都是为了达到室内的统一和协调，加强色彩的魅力。

图3-21、图3-22　三度空间音乐坊效果图

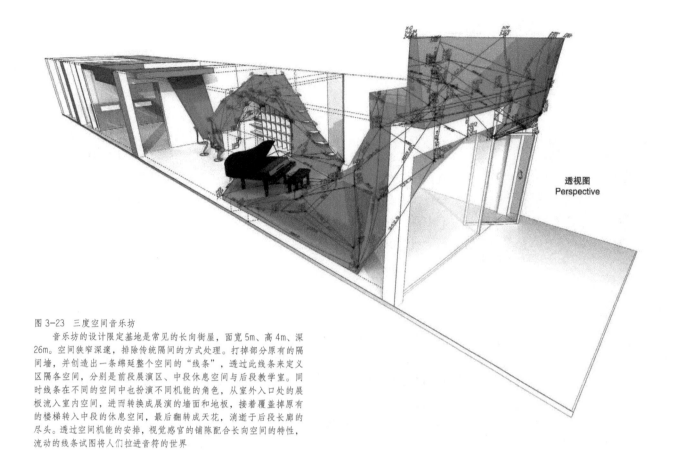

图 3-23 三度空间音乐坊

　　音乐坊的设计限定基地是常见的长向街屋，面宽5m、高4m、深26m。空间狭窄深邃，排除传统隔间的方式处理。打掉部分原有的隔间墙，并创造出一条绵延整个空间的"线条"，透过此线条来定义区隔各空间，分别是前段展演区、中段休息空间与后段教学室。同时线条在不同的空间中也扮演不同机能的角色，从室外入口处的展板流入室内空间，进而转换成展演的墙面和地板，接着覆盖掉原有的楼梯转入中段的休息空间，最后翻转成天花，消逝于后段长廊的尽头。透过空间机能的安排，视觉感官的铺陈配合长向空间的特性，流动的线条试图将人们拉进音符的世界

图 3-24 不同色彩墙面构成了丰富的空间层次，活跃了空间氛围

　　总之，解决色彩之间的相互关系，是色彩构图的中心。室内色彩可以统一划分成许多层次，色彩关系随着层次的增加而复杂，随着层次的减少而简化，不同层次之间的关系可以分别考虑为背景色和重点色。背景色常作为大面积的色彩宜用灰调，重点色常作为小面积的色彩，在彩度、明度上比背景色要高。在色调统一的基础上可以采取加强色彩力量的办法，即重复、韵律和对比强调室内某一部分的色彩效果。室内的趣味中心或视觉焦点或重点，同样可以通过色彩的对比等方法来加强它的效果。通过色彩的重复、呼应、联系，可以加强色彩的韵律感和丰富感，使室内色彩达到多样统一，统一中有变化，不单调、不杂乱，色彩之间有主有从有中心，形成一个完整和谐的整体。

图 3-25 巴黎 Pajol 七色彩虹幼儿园
整段阶梯都用暖色系中最温暖的橙色涂装，既带给了监护者们一种心理上的安全感。楼梯间的墙壁则主要使用的是冷色调，充分地区分开了垂直与水平的空间，而异于所在背景颜色的橙蓝双色扶手，醒目地宣示着自己的存在，引导孩子们下意识地使用它们，保证安全

图 3-26 特色家具设计丰富了室内空间，通常成为视觉的焦点

3.3 室内家具设计

3.3.1 家具设计概述

家具是一种生活必需的功能性软装元素，在人类社会活动中扮演着重要角色，它既是物质产品，又是艺术创作，是某一历史时期社会生产力发展水平的标志，是某种生活方式的缩影。

家具并不是简单意义上的随意摆放，而是注重空间规划、布局以及功能使用等要求，以不同形式与风格体现室内的风格效果以及艺术氛围。家具的选择关系到室内设计的整体效果，空间则通过室内陈设的"软环境"传递着设计师的设计主题及创作思想。以家具为主要途径展开的室内装饰设计，同时也体现出主人的独特品位和文化素养。

家具包括材料、结构、外观形式和功能四种因素，其中功能是先导，是推动家具发展的动力。任何一件家具都是为了一定的功能目的而设计制作的。

3.3.2 家具在室内空间中的作用

家具在室内空间主要起分隔空间、组织空间和丰富填补空间的作用。设计师应根据空间的功能与特点对室内空间进行合理布置，充分发挥家具对空间的装饰和调整的作用。

（1）明确使用功能，识别空间性质

家具是空间实用性质的直接表达者，家具的组织和布置也是空间组织使

图 3-27 广东佳医学园
为了更好地呼应椭圆形的点式玻璃建筑，会议室座椅与会议桌采用经典的黑白配色，家具选型柔顺中透着刚毅，室内空间通透生动而富有科技感

关注：

利用家具来分隔空间是室内设计中的一个主要内容，在许多设计中得到了广泛的利用，如在景观办公室中利用家具单元沙发等进行分隔和布置空间。在住户设计中，利用壁柜来分隔房间，在餐厅中利用桌椅来分隔用餐区和通道。在商场、营业厅利用货柜、货架、陈列柜来分划不同性质的营业区域等。室内交通组织的优劣，全赖于家具布置的效果，布置家具圈内的工作区，或休息谈话区，不宜有交通穿越，因此，家具布置应处理好与出入口的关系。

用的直接体现，是对室内空间组织、使用的再创造。良好的家具设计和布置形式，能充分反映使用的目的、规格、等级、地位以及个人特性等，从而赋予空间一定的环境品格。

（2）分隔空间

利用家具来分隔空间是室内设计中的一个主要内容，在许多设计中得到了广泛的利用。随着框架结构建筑的普及，建筑内部的空间越来越大，越来越通透。无论是住宅、办公空间、商业空间都需要借用家具来进行划分，以替代原来墙的作用，这样既能让空间丰富通透、又满足了使用的功能，且增加了使用面积。

（3）组织空间

对于任何一个建筑空间，其平面形式都是多种多样的，功能分区也是如此，用地面的变化、楼梯的变化以及顶棚的变化去组织空间必定是有限的，因此家具就成为组织空间的一种必不可少的手段。家具不仅能把大空间分隔成若干个小空间，还能把室内划分成相对独立的部分。在中间摆放不同形式的家具使空间既有分别，又有联系，在使用功能和视觉感受上形成有秩序的空间形式。

在室内空间中，不同的家具组合，可以组成不同功能的空间。随着信息时代的到来，智能化建筑的出现，现代家具设计师将创造出丰富多彩的新空间。家具在视觉上很大程度地丰富了空间，它既是功能家具，也是一件观赏品，它可以使空间富有变化，增加空间的凝聚力和人情味。为了提高内部空间的灵活性，常常利用家具对空间进行二次组织。

图 3-28 10 Museum interior project \ Zaha Hadid
室内的家具犹如有机生物，流畅、活泼，而又充满张力，与其天花吊挂的金属球体弧线阵列呼应，又像一群充满动感的生命晶体在流动、急驰，具有强烈的视觉冲击力和生命感

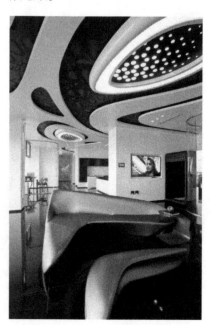

图3-29、图3-30 应该把室内空间分隔和家具结合起来考虑，在可能的条件下，通过家具分隔既可减少墙体的面积，减轻自重，提高空间使用率，并在一定的条件下，还可以通过家具布置的灵活变化达到适应不同的功能要求的目的

3.3.3 家具的选用和布置原则

（1）家具形式与数量的确定

家具的形式往往涉及室内风格的表现，而室内风格的表现，除界面装饰装修外，家具起着重要作用。室内的风格往往取决于室内功能需要和个人的爱好和情趣。

家具的数量决定于不同性质的空间的使用要求和空间的面积大小。除了影剧院、体育馆等群众集合场所家具相对密集外，一般家具面积不宜占室内总面积过大，要考虑容纳人数和活动要求以及舒适的空间感。

（2）家具布置的基本方法

应结合空间的性质和特点，确立合理的家具类型和数量，根据家具的单一性或多样性，明确家具布置范围，达到功能分区合理。组织好空间活动和交通路线，使动、静分区分明，分清主体家具和从属家具，使相互配合，主次分明。

① 依据家具在空间中的位置进行布置。

a.周边式。家具沿四周墙布置，留出中间空间位置，空间相对集中，易于组织交通，为举行其他活动提供较大的面积，便于布置中心陈设。

b.岛式。将家具布置在室内中心部位，留出周边空间，强调家具的中心地位，显示其重要性和独立性，周边的交通活动，保证了中心区不受干扰和影响。

图 3-31　功能决定了家具的数量与布置方式

　　c. 单边式。将家具集中在一侧，留出另一侧空间（常成为走道）。工作区和交通区截然分开，功能分区明确，干扰小，交通成为线形，当交通线布置在房间的短边时，交通面积最为节约。

　　d. 走道式。将家具布置在室内两侧，中间留出走道。节约交通面积，交通对两边都有干扰，一般客房活动人数少，都这样布置。

　　② 依据家具布置与墙面的关系进行布置。

　　a. 靠墙布置。充分利用墙面，使室内留出更多的空间。

　　b. 垂直于墙面布置。考虑采光方向与工作面的关系，起到分隔空间的作用。

　　c. 临空布置。用于较大的空间，形成空间中的空间。

　　③ 依据家具布置格局进行布置

　　a. 对称式。显得庄重、严肃、稳定而静穆，适合于隆重、正规的场合。

　　b. 非对称式。显得活泼、自由、流动而活跃，适合于轻松、非正规的场合。

　　c. 集中式。常适合于功能比较单一、家具品类不多、房间面积较小的场合，组成单一的家具组。

　　d. 分散式。常适合于功能多样、家具品类较多、房间面积较大的场合，组成若干家具组、团。

　　不论采取何种形式，均应有主有次，层次分明，聚散相宜。

图 3-32　Aesop Fashion Walk 香港第二家概念店店面

　　10m² 的空间让人仿佛掉进图书馆的学院氛围。全案将"书架"的灵感和创意概念放大，店内的浅灰色金属架子靠着墙壁延伸至天花板，整齐排列着产品，像极一个"图书馆"，展现出 Aesop 的简约、人文精神，亦突显了 Aesop 拥护者酷爱阅读兼具智慧的形象。Aesop 少不了采用名家设计的家具

3.4　室内陈设的选择和布置原则

3.4.1　室内陈设的意义和分类

（1）室内陈设的意义

室内陈设，是继家具之后的又一室内重要内容，它对室内空间形象的塑造、气氛的表达、环境的渲染起着锦上贴花、画龙点睛的作用，也是完整的室内空间所必不可少的内容。

室内陈设，当下也称软装，作为可移动的装修，是体现品味、营造室内空间氛围的点睛之笔。它打破了传统的装修行业界限，将纺织品、收藏品、灯具、花艺、植物等重新组合，形成一种新的装饰理念。软装可以根据空间的功能性质、空间大小、形状、使用对象以及客户的经济情况，从整体上综合策划装饰装修设计方案，创造出专属的特色室内空间。

（2）室内陈设的分类

室内陈设分为实用陈设和观赏陈设。

① 实用陈设。实用陈设品既有实用价值又具有装饰性，包括家具、灯具、餐具、布艺纺织品、镜子等。

② 观赏陈设。观赏类陈设品主要是装饰作用，包括书、画、各类工艺品、收藏品、植物、装饰花艺等。

图3-33、图3-34　2013 Moooi伦敦展厅
　　灯光是营造家居气氛的魔术师，也是室内最具魅力的调情师，不同的灯，营造着不同的氛围，却能带来同样的浪漫。一个温馨惬意的家，来源于自身的品位和修养、对生活的悟性与追求，把握和了解灯具的时效性、代表性的细节处理方式，moooi的灯具能从各方面满足高雅情调生活的需求

3.4.2 室内陈设的布置原则

室内陈设品的选择和布置，主要是处理好陈设和家具之间的关系，陈设和陈设之间的关系，以及家具、陈设的空间界面之间的关系。由于家具在室内常占有重要位置和相当大的体量，因此，一般来说，陈设围绕家具布置已成为一条普遍规律。设置陈设的主要目的是装饰室内空间，继而烘托和加强环境气氛，以满足精神功能的要求。

（1）室内陈设的选择和布置应考虑以下几点。

① 室内的陈设应与室内使用功能相一致。

② 室内陈设品的大小、形式应与室内空间家具尺度取得良好的比例关系。

③ 陈设品的色彩、材质也应与家具、装修统一考虑，形成一个协调的整体。

④ 陈设品的布置应与家具布置方式紧密配合，形成统一的风格。

（2）室内陈设的布置部位

良好的视觉效果，稳定的平衡关系，空间的对称或非对称，静态或动态，对称平衡或不对称平衡，风格和气氛的严肃、活泼、活跃、雅静等，除了其他因素外，布置方式起到关键性的作用。

① 墙面装饰。即指悬挂于墙面的装饰物的陈列，其范围甚为广泛。传统的匾联、书字画轴、浮雕绘画作品、装饰挂件、挂毯，甚至武器、服饰、嗜好品、纪念品、兽骨以及各种优美的器物都属此类。

② 空间悬饰。为了减少竖向室内空间空旷的感觉，或为了烘托室内的气氛，常在垂直空间悬挂不同的饰物。它们可以采用不同的材料、体型及色彩。这些悬挂物均应以不妨碍、不占据活动空间为原则，一般经常垂挂在水平家具的上方或共享空间等的上部空间中，对室内空间气氛的形成和增强具有十分重要的作用。

③ 桌面陈设。桌面陈设本来是指餐桌的布置。欧美各国，餐桌的陈设甚为讲究，注意就餐时的气氛。除了力求餐具的精致高雅外，还要放置烛台、鲜花等饰品来加强用餐时的愉快欢乐气氛。从广义的角度来说，桌面陈设就不仅是指餐桌上的陈设，其范围较为广泛，它包括咖啡桌、几案、书桌以及化妆台等桌面空间在内。

桌面陈设必须在井然有序中求取适当变化，在和谐统一之中寻求自然的节奏，只有这样，才能在方便使用的原则下产生优美的视觉艺术效果。

④ 橱架展示。橱架的陈列常兼有展示和储藏的作用。橱架的形式可以多种多样，如陈列橱、摆设橱、博古架、壁架等。

⑤ 落地陈设。落地陈设一般设置在较大的室内空间中，体量有时亦较大，举凡室内雕塑、大型艺术品（石雕、木雕、金属陈设、落地花瓶等）都属此类。这类陈设品在大型的公共建筑中运用得较多。

总之，在实际使用中，陈设品的陈设场所是较为自由的，虽然陈设布置的地点场所不尽相同，但只要具有良好的构思，并结合不同的室内环境，灵活运用上述各种布置原则，定能获得生动活泼、趣味盎然的艺术效果。

图 3-35、图 3-36　Back to impressions 荷兰布雷达私人住宅

作为对个性空间具有提案能力的专业人士，陈设设计师需要掌握丰富的室内装饰材料和家居用品知识，并对这些产品进行有效选择、组合和协调。同时还需具备生活的洞察力、空间的理解力、产品的选择力、空间的构成力以及空间的演示等多种综合能力，构筑一个个完美的空间

图3-37 Moooi collection showroom
　　Moooi品牌已经不仅仅是一个家居用品生产商，它已经成为一种风格的代表，引领着最具创造性的流行时尚。将雕塑与家居用品完美合一，突显了现代感和大气气质。在Moooi的设计中，人始终是核心因素，设计师渴望在功能性之外，创造艺术氛围。人的性格、品位、喜好和感情，都完美地展现在每一件产品中

图3-38 荷兰Neri&Hu工作室
　　工作室致力于陈设设计，打造了showroom和办公室一体的品牌形象空间

思考延伸：
1. 室内照明设计的本质是什么？室内空间常见的照明方式有几种？
2. 色彩三要素是什么？室内配色设计的方法有哪些？
3. 在公共室内空间中如何完成家具形式与数量的确定？家具布置的基本方法有哪些？

第4章 公共空间室内设计的思维方法

4.1 把握公共空间中的环境

在公共空间室内设计中，无论是单体建筑的内部空间设计，还是建筑中某一单元空间的室内设计，首先都需要考虑公共空间所处的整体环境构架，研究它们的现在、过去与未来，以及内部与外部环境的联系、变化与衔接，并立足文化背景，合理利用人文和自然资源，尊重文化、历史、生态、科技等学科的设计原则，使空间与人，人与环境彼此建立一种和谐均衡的整体关系。

4.1.1 了解环境中的空间

公共空间依附于建筑而存在，建筑的形体、结构、朝向等又受到外部空间环境的影响。因而在公共空间室内设计之初，首先要了解公共空间的构成与形态组合关系，以及空间所处的建筑环境与建筑外部空间环境的关系，做到由外而内、由大到小、由整体到局部展开设计的分析与思考。公共空间是社会化的行为场所，其室内设计更应是一个内外空间连续的，多元性的构成。

（1）环境中的空间构成

① 空间的概念。所谓空间，一般是指由结构和界面所围合的"场"域，即实体之间的关系所产生相互关联的联想环境，它是有关人的感受的问题，有尺度的、感官的、心理的。人们对空间的感受和理解是不同的，它是随着人们对空间理念的拓展，对感知能力的不断加强而扩展的空间概念。

图4-1 2013北京设计周上的空间装置作品，不规则形体的围合通过视觉的连续形成大小形态不同的空间

图 4-2 实体界面越清晰，围合越紧密，则形成的空间越真实、强烈

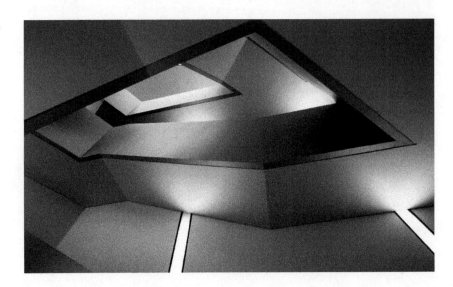

空间的界定首先与人的生理尺度相关，它需要有物化的实体限制，形成实体的空间环境；同时它与人的心理尺度有关，通过视觉的连续以及心理感受来领略空间的限定；此外，它还可以由人们的精神方面来确定空间。实体界面越清晰，围合越紧密，则形成的空间越真实、强烈。空间为人们提供不同的使用功能，人们也在空间中交换着情感。

② 空间的构成要素。探讨空间在整体环境中的构成关系，有助于设计师对公共空间进行合理的开发和利用。空间的形成是由界面围合开始的，不同方式的围合与分隔可以获得不同形式的空间，并使人产生不同的心理感受。构成空间的三大要素是底界面、顶界面和侧界面，它们共同作用，影响着空间的形态、比例、功能等。

③ 空间的内部与外部关系。通常把建筑物的内部容积定为内部空间，指实体相对的存在；把建筑物外部环境称为外部空间，是由视觉确定的具有

图 4-3 空间围合示意

不同围合方式形成不同形态的空间，围合感越强的空间，所分隔的内部与外部空间越明晰

图 4-4 某建筑的内、外空间

某建筑中庭通透的玻璃与开敞的界面模糊了建筑内部与外部的分隔。中庭的造景布置、地面铺装的统一，使室内外空间相互渗透

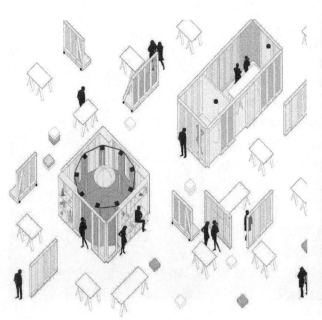

相互关系的存在。随着现代主义建筑的多样化发展，建筑空间形态也在发生多元变化，建筑内部空间与外部空间的分隔界面愈来愈模糊，室内外空间相互渗透、穿插，灰空间和过渡空间也成为室内设计的重点。

在对公共空间室内进行设计时，首先要对外部空间环境进行考察、分析，了解外部空间环境对内部空间设计的有利条件与限制条件；其次需要了解公共空间的空间构成关系，内部空间与外部空间的衔接、过渡关系等，分析利弊并在设计阶段予以把握。做到既要对建筑内部实体空间的设计，又要合理利用外部空间环境关系，增强空间内部与外部的互动性，最终达到室内与室外空间环境的完美融合。

（2）环境中的空间形态

① 形态。形指形象，是空间尺度概念；态指发生着什么，是空间内涵的概念。形态是指物体形体态势和内涵有机结合的体现，它包括物与物之间，人与物之间的关系。形态是形体的表现，它所表述的语言远远超过形体的内容。

图 4-5　希尔顿酒店大堂有着像海浪般的天花造型

造型由织物组成，简单却宁静。灯源为条形，隐藏在织物后面，夜晚灯光恰到好处的柔和

② 形体。形体是指物体本身的外形特征和体量，是一种形式的表现，它以最直接的形式展示自己的特征。形体是形态的外在表现。形体只有通过形态的构建，才能沟通人与物的情感，把人与物的情感联结起来。

图 4-6　美国路易斯安那州礼拜堂

设计灵感来自子宫。子宫是一个没有方向，各处平等的神秘空间。因此礼拜厅呈完美的立方体，六个面的大小，颜色，纹理都一致，具备平等、相同和无方向感的神秘品质。室内空间也是完美的立方体，它比外体量小一号，并与此形成 45°的交错。这种旋转可以理解成为从世俗到神圣的调整

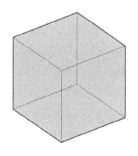
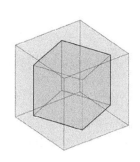
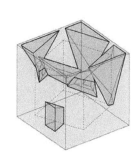

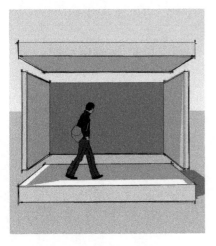

图4-7 界面的围合构成空间

界面的围合形成空间，不同的围合与组织方式构成了空间的基本形体与形态。因此空间的数量、体量和组合方式三要素决定了空间形体的形式，每一个要素的变化都会引起形态的改变。作为室内设计师，研究环境中空间的形体与形态是一项必要的工作。

（3）环境中的空间特性

① 地理位置。任何一个公共空间室内都无法脱离外部空间而独立存在。从城市空间结构来看，城市内部可分为工业区、居住区、商业区、行政区、文化区、旅游区等；从区域发展来看，可分为住宅组团、商贸组团、文教组团等，不同区域具有不同的环境特色与经济发展水平，这些因素将直接影响区域内公共空间的整体定位。因此，空间所处的地理位置直接决定了消费群体或使用群体的结构体系以及空间的设计主题。

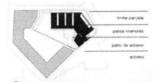

图4-8 白色的理疗中心建筑与室内设计
项目地处于一个8m高差的斜坡上，建筑设计没有呆板地占满斜坡前的空地，而是一部分嵌入坡中，抬升高度，在入口处留出一片空地。设计师在进行公共空间设计时，首先要了解空间所处的地理位置，并对服务半径、使用人群等要素进行详细、系统地分析

② 周边环境。周边环境主要指建筑周围的外部空间环境，包括街道、建筑物、植物绿化、河流水系等。良好的外部环境可以借景于室内，成为室内环境的补充或陪衬，营造舒适、有趣、丰富的空间体验；而低质量或不利于室内空间氛围营造的外部环境，在设计时应利用有效的手段予以回避或隔断。只有对周边环境进行细致的调研、分析，才能有助于设计师创造舒适、怡人的室内空间，同时也符合生态原则的设计要求。

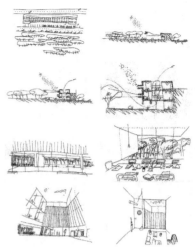

③ 文化背景。地理位置和周边环境是公共空间所处的实体物理环境，文化背景则是影响公共空间设计的无形精神环境。这种有形与无形，物质与精神的高度结合决定了公共空间室内设计的个性特色与文化内涵。

文化的构成包括政治、经济、道德、哲学、审美、艺术等方面内容，是历史发展的积淀，中国文化有着几千年历史的多元化与博大精深的特点，具有鲜明的特色和丰富多样的表现形式。无论舞蹈、音乐、设计等各个艺术门类，或是建筑设计、服装设计、家具设计等各个设计学科，都无时无刻不在关注文化与设计的融合，这也成为当前室内设计发展的一个趋势。

因此，设计师在进行公共空间设计时，对空间所处的文化背景应有清晰的了解，把握其主体文化的特征，并深入挖掘民族与本土文化特色，提炼成设计语汇，结合当下设计，完善设计方案。

图 4-9 从室内眺望校园，室内外景观的渗透

图 4-10 内部空间设计分析草图

考虑到建筑内部空间的设计，特将老建筑面向庭院的表皮打开，加上透光的表面，让在办公室的人们享受到美丽的校园风景，人们可以安心的在这里享受外面的四季流转

图 4-11、图 4-12、图 4-13 坐落在厄瓜多尔购物中心内的中国元素餐厅

提取中国古建筑屋顶以及中国画等中国传统文化元素，抽象、简化为设计语言经行室内设计，向公众讲述着中国特色文化

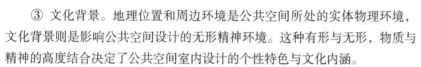

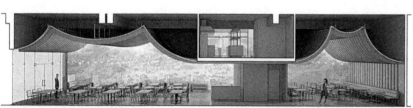

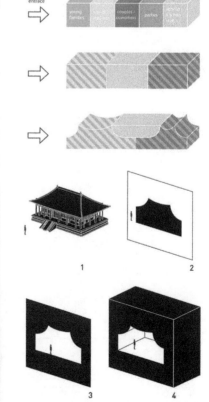

图4-14　非承重墙的墙体，在室内空间设计时可以创造丰富的垂直界面效果

4.1.2　把握空间中的环境

在对室外环境进行了详细的分析与思考之后，接下来就是对室内空间环境的勘察。室内空间环境是建筑设计的重要组成部分，主要包括建筑的内部空间构造、空间组织以及空间中的给排水、电气、通风、采光等设备要素。

（1）空间构造

建筑通过柱网以及墙体的围合形成室内空间，不同的建筑结构承重方式创造出了不同类型的室内空间结构。目前，我国的建筑构造可分为墙体承重结构、内框架式承重结构、框架式承重结构和空间结构承重式结构四大类。

① 墙体承重结构。用墙体承受楼板及屋顶传来的全部荷载，墙体是主要承重构件，所围合而成的内部空间基本已固定，一般不能对其做减法处理，只能根据设计需要做加法以创造新的空间组织与形态。

② 内框架承重式结构。当建筑物的内部用柱、梁组成框架承重，四周用外墙承重时，称为内框架承重式结构或半框架式承重结构。内部墙体并非承重墙，可以通过拆除或改造墙体方式创造新的空间形态与组织关系。

③ 框架式承重结构。用柱、梁组成的框架承受楼板及屋顶传来的全部荷载。与内框架承重式结构相比，框架式承重结构更为自由，内外墙均只起围护作用，非承重墙，因此在室内设计时，不但内部墙体可以拆除、新建，而且四周外墙也可以根据外部空间环境条件因势利导，拆除部分外墙将室外景观延伸到室内空间。

④ 空间结构承重式结构。用空间构架或结构承受荷载的建筑，如网架、薄壳、悬索结构。这类结构空间内部更为自由、灵活，无需立柱承重，因此可以创造大尺度的空间结构。

由此可见，建筑的空间构造为室内设计提供了必要的框架基础，是室内空间设计的依据。设计师只有在充分了解建筑构造类型、构造方法以及空间组合原理基础上，根据使用功能、经济技术等要求，才能对室内空间进行合理的划分、组合与建构，从而创造多样的空间构造方案。

图4-15、图4-16　Erasmus大学的医学教育中心

　　通过对现状建筑的改造，创造出具有形式感的三角形采光顶棚，实现了现代理性同时明亮的教育学习环境

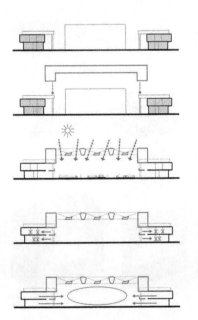

（2）空间组织

室内空间是建筑空间的延伸，往往建筑设计师在建筑设计阶段已对室内空间进行了划分与组织。室内设计师在开始公共空间室内设计时，既要了解建筑自身已有的空间形态，同时又要根据设计理念与主题的引导，根据使用功能的要求等对内部空间进行重新调整与设计。室内空间的基本形态可以分为规则空间和不规则空间两大类。

① 规则空间。规则室内空间是一个由长、宽、高三界面限定的相对稳定、规则的空间，常见有两种形态：一种是矩形室内空间，它可以随着长宽高的不同比例产生多种多样的变化，并容易与建筑结构和家具陈设相互协调；另一种是拱形室内空间，底面是规则图形，顶面是弧形或穹顶状，这种空间具有稳定的向心性。

规则空间可以形成较强的场域，为人们活动提供一个完整的、经济的、便利的使用空间。较为经济、实用；其缺点是空间形态比较单一、规整，一般适用于市政、办公、文教、商业等类型的公共空间。

② 不规则空间。不规则空间是指没有固定规律可循的室内空间，常见有两种形态：一种是底界面、顶界面或侧界面由不规则的多边形组成；另一种是三个界面为不规则曲线形体。这类空间较为多样与丰富，具有不稳定性与流动性特点，同时能够结合设计师的艺术意图表达灵活、生动、富有动感的空间氛围。一般多用于展示、观演、休闲娱乐等类型的公共空间。

图 4-17　规则空间形态
图 4-18　不规则空间形态
　　不同空间形态与不同组织方式可以创造出多样化的空间氛围，设计师需要根据空间的类型、使用功能以及人们各种各样的物质需求和精神需求来改造与设计室内空间的形态

图4-19　规则弧线形态
图4-20　更为自由、流动的曲面空间形态

（3）空间设备

水、电、暖通、消防等是公共空间的主要设施设备。一般在土建施工阶段，这些设施设备已基本铺设完成，它们安装的位置与情况都将直接影响公共空间的室内设计；还有另一种情况是毛坯建筑，设施设备的配置需要与设计同步进行、协调设计。

① 给排水设备。通常在土建阶段就进行了给排水管道的铺设。与室内设计有密切关系的主要是与用水和排污有关的设备。不同的用水和排水处理方式需要不同的设施及设计、安装方式。在进行室内设计时，设计师需要充分考虑这些设施在安装、使用以及后期维护过程中必要的条件要求。

② 电气设备。公共空间室内对于用电的要求很高，电源的选择、照明环境的区分、灯具的选择还有照度的要求都是室内设计时应给予足够关注的。

室内设计的电气系统可分为强电（电力）和弱电（信息）两部分。在设计时，要了解电气系统的铺设现状，分清强电与弱电线路，在布线时要避免

图4-21　空间设备管道被作为室内设计元素完全裸露出来，显示出特有的结构形式美

强弱干扰。如果是改造型项目,新的室内空间功能与原始建筑功能不一致时,就需要重点考虑强电的设置,了解原始建筑强电的配置情况,并根据新的功能需求加以调整、设计。

③ 暖通空调设备。暖通空调系统可以调节室内环境的温度与湿度,营造良好的、温度适宜的内环境,分供冷与供暖空调。空调的设置与室内设计有着直接的关系,它将直接影响到室内吊顶的高度与形状。

④ 消防系统。公共空间的消防系统包括消防栓给水系统及布置、自动喷水灭火系统及布置、其他固定灭火设施及布置、报警与应急疏散设施及布置等内容。在设计时需要考虑以上消防设施的布置位置以及安装方式。

4.2 把握公共空间中的对象

4.2.1 把握功能对象

公共空间是为广大公众提供服务的场所,具有开放性质,其使用功能决定着设计定位的方向。一般在建筑设计时,已根据使用群体需求确定了主要使用功能,设计师在设计之前需要了解建筑空间的基本功能,以指导室内空间的设计。但也有一些公共空间的设计是根据建筑功能的重新定位而进行的,比如改造类项目,这类公共空间在设计时需要根据使用功能的需求来重新定位并组织空间。因此,了解空间的使用功能,有助于设计方案的顺利实现。

不同类型的公共空间具有不同的使用功能。使用功能的类型与特点直接决定了公共空间室内的空间组织与设计表现。

(1)使用功能类型

使用功能的类型由使用群体的需求决定。不同类型的公共空间,使用者需求不同,空间提供的使用功能不同;在同一类型空间中,使用者需求的多样性决定了使用功能类型的多样化,多样化的使用功能又影响着室内空间的平面布局与交通流线设计。

不同空间类型的使用功能之间有着直接与间接的联系,在设计时,设计师要充分了解公共空间的使用者需求以及使用功能类型,分析各使用功能之间的关系,对室内空间的平面功能以及交通流线进行合理的布局与组织。

随着人们需求的多样化发展,公共空间的使用功能也发生着改变,越来越多新的使用需求促进了新的使用功能的出现。在同一类型空间中,商业属性、社会服务属性、交往属性等复合并存,改变了以往空间单调、乏味的构成和内容。在设计过程中,设计师不应固步自封在传统的观念中,应时刻考虑并分析当下社会环境中使用者需求的变化,运用设计的手段为公众创造多样化的使用空间。

(2)使用功能特色

使用功能的类型决定了室内功能的平面布局,使用功能的特色便影响着室内空间的氛围设计。不同类型的使用功能具有不同的功能特色。如在餐饮空间中,用餐类型可分为普通用餐功能、宴会、酒会功能等。宴会类型的空间相比普通用餐空间,对空间的形态以及色彩、灯光设计都有更高的要求。

图 4-22　Studio Hermes 改建项目
　　木质吊顶形成了第二层顶界面,但它并未将原始建筑顶界面围合完全,而是留出圆形中庭,裸露出设备管道,既增强了空间的深度,又使管道的粗放与木质线条的细腻形成对比

图 4-23　一个办公空间内的二层架空展厅
　　不规则的台阶设计考虑到了功能的复合需求。这一空间既是公司产品的展示厅,同时又是公司员工活动、休息的场所

图4-24 富有浓郁中国风的中式餐厅，聚会、社交的用餐方式

图4-25 北欧风情西餐厅，适合独自或两三人享受慵懒的下午茶时光

图4-26 彩虹幼儿园

设计师用理性的方式设计，并附加上对儿童的理解。彩虹的不同颜色出现在各个地方，首先可以用作标示指导（厕所、楼层、教室），其次是乐趣（跳房子有戏、院子、教育花园）

此外，相同的使用功能在不同类型空间中体现的功能特色也不同。如具有阅读使用功能的空间，在图书馆类型的公共空间中，它是最主要的使用功能，空间的设计以满足最基本的阅读需求为主；而在咖啡厅休闲空间中，阅读已不是必要功能，它是一种休闲的行为，需要轻松、安静以及舒适的环境氛围。

（3）使用频率

使用频率是指公共空间室内使用的概率与次数，不同类型的公共空间具有不同的使用频率。如商业、餐饮、娱乐、医疗等空间使用频率较高；展示、某些观演空间使用频率相对较低。在设计时，根据使用频率的不同，在材料选择、设计造型以及施工技术方面都有不同的要求。

4.2.2 了解服务对象

人有需要衣食住行的自然属性，还有需要交往、沟通情感、交流信息、自我实现的社会属性。这一双重属性决定了人的因素在环境中的重要性，也决定了人与环境协调的必要性。公共空间是为广大公众提供服务的场所，其室内环境更不能离开人的行为和社会心理现象而独立存在。服务对象的类型、需求以及行为等因素决定了室内空间的物质需求与精神需求，同时也影响着室内设计风格的定位。

（1）服务对象的类型分析

公共空间是为大众提供生活、生产、休闲活动的场所，它所面临的服务对象涉及不同层次、不同职业、不同种族等背景的人群。公共空间室内设计需要最大限度地满足不同人的不同需求。

公共空间的类型不同，其服务对象的类型也有差异，对公共空间会有不同的心理需求，有些方面是一致的，如追求与自然环境的接近；但有些方面则存在分歧。设计师在开始设计时，首先要了解并分析公共空间使用人群的类型及特点，从他们的需求出发进行空间的整合与设计，以满足职业特点、教育水平、道德修养等方面的差异。只有量身定做的室内空间环境，才能让使用者在空间中找到归属感与认同感。

（2）服务对象的需求分析

人类生存的环境会对人的心理产生影响，同时人的心理需求又对环境提出要求。因此，以环境心理学为依据来探讨服务对象心理的行为需求，是公共空间室内设计的基础与依据。在公共空间设计中，可将人类的需求层次归为以下三类。

① 生理需求。是指个人的生理机能的正常运转，如通风、采光、空气质量、温度、湿度等需求。生理需求是推动人们行动的首要动力，只有生理需求得到必要的满足后，其他需求才能成为新的激励因素。这就需要设计时首先要解决室内空间采光、通风、采暖等基本问题。

② 心理需求。除了生理需求以外的，包括安全、爱与归属、被人尊重、自我实现这都属于心理需求。当生理需求得到满足之后，人类开始寻求保护和安全感，需要被接纳、被尊重、被欣赏、被赞美等，希望在安全、健康以及适应的环境中生活、活动。这就对公共空间室内设计的安全性、独特性、精神性等方面提出了要求。

③ 社会需求。社会需求是指社会交往的需求，主要包括对友谊、爱情以及隶属关系的需求。当生理需求和心理需求得到满足后，社会需求就会突显出来，人类希望与人为友，得到他人的关怀，互相关爱；希望能够融入群体，互相尊重；希望能与他人交流、相互学习等。设计中要对不同社交类型、

关注：

　　美国著名心理学家马斯洛（Maslow）提出需求层次递进理论。他在《人的动机理论》一书中将人类需求细致地划分为五种层次：生理需求（生存、健康），安全需求（稳定性、保护性、消除恐惧等）、交往需求（爱、性、柔情、友谊和自立）、尊重需求（交誉、威信、褒奖和成功）以及自我实现的需求。

图 4-27　斯图加特图书馆中心阅览区
　　均衡的空间形式配以纯净的色彩，营造静宜的阅读环境

图 4-28　斯图加特图书馆的儿童阅览区
　　儿童阅览区中设计适合儿童使用的地台搭配以鲜艳的色彩

图 4-29　蒙特雷儿童图书馆与文化中心室内设计

场地中的阅读平台模拟了墨西哥蒙特雷的山脉地形，书架不再单是储藏功能，也能支持动态的玩耍和学习，激发儿童的想象力，提供舒适的阅读空间。丰富多彩的几何形体要素与古色古香的工业建筑碰撞在一起，焕发出独特而欢愉的魅力

图 4-30　图书馆中围合的沙发座椅，提供了学生社交交往的需求

图 4-31　昆明理工大学图书馆

圆形中庭设计的高靠背的座椅面向走廊，使用者在这个半私密的空间阅读或交谈，同时可以沐浴中庭射入的自然光线。类似讲台的阅读桌则面向中庭，使阅读者面对着竖向贯通着 10 个楼层的中庭空间，就像在进行一场气势恢宏的演讲

不同社交人群以及不同社交需求进行全面分析，通过空间的组织以及空间环境氛围的营造，创造特定的交往空间，诸如私密性空间、开放性空间、虚幻空间、虚拟空间等。

公共空间的服务对象存在职业特点、教育水平、道德修养等方面的差异，因此不同使用者对公共空间也有不同的心理需求。在公共空间设计中，设计师既要了解使用者的需求，又要对不同类型使用者的需求进行详细的分析与比较，以人群需求为指导对室内空间进行设计与建设。

（3）服务对象的行为分析

行为是为了满足一定的目的和欲望而采取的活动状态，是人在所处环境下生理、心理变化所引起的表现，人的空间行为活动是以人的心理活动为指导的。人依靠自己的行为接近环境，并通过对环境的觉察，从环境中得到关于行为意义的信息，进而经过心理的分析、取舍，最终决定了所要采取的行动。在公共空间室内设计中，对使用者行为特点的分析总结，可以使设计更加合乎理性与科学，有助于设计师把握空间的组织方式与环境建设。

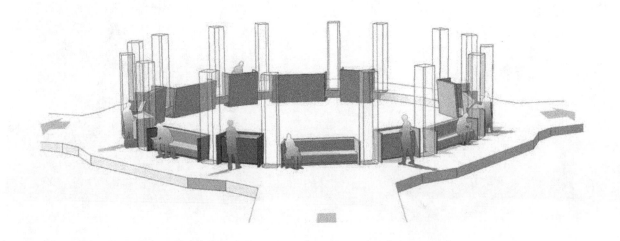

① 必要性行为。指的是有特定目标而必须进行的一种功能性活动，一般不受外界物质环境和自己意愿的影响。公共空间的使用功能决定了必要性行为的类型，比如在文教空间进行的学习行为，在餐饮空间进行的饮食行为，在办公空间进行的工作行为等。

② 自发性行为。指的是只有在外界环境适宜、具有吸引力的合适条件下，人们自愿并主动发生的行为。如在咖啡店里阅读和上网的行为，在办公空间休息、小憩的行为，在展览空间游戏的行为等，它的发生和空间的环境质量有关。因此，人的自发性行为为室内空间设计提供了引导，设计师需要根据使用者的行为需求对室内空间进行相应的环境与氛围创造；同时设计师在空间设计时通过特定的环境创造，也可以引导、促进人们自发性行为的发生，以获得更为丰富的空间体验。

③ 社会性行为。人们有交往的需求，因此就有社会性行为的产生。它指的是不单以自己的主观意识为主导和支配，还需他人的介入才能发生的行为。它的发生以上述两种行为为基础，表现为人们同在一个空间中逗留所自主地发生的具有社会性的活动，如聚会、交谈、咨询等行为。

公共空间室内设计应以服务对象为核心，深入分析使用者的类型、需求与行为因素，以指导公共空间的室内设计与建设；同时也要时刻反观设计的空间环境对使用者行为以及心理的影响，以优化设计方案。在公共空间室内设计中，设计师要始终坚持以人为本的设计原则，努力营造符合使用者需求的公共空间，从而改善人们生活环境和质量。

图 4-32　设计改变了行为方式，增添了室内功能的趣味性

图 4-33　昆士兰大学全球变化研究所
　　亲和的木质质感加之空间的私密与围合，提供了轻松、舒适、静宜的独处空间

图 4-34　卡罗林斯卡学院教育基地
　　空间环境在引发自发性行为的同时，也间接地提高了社会性行为的发生

4.3 把握公共空间室内设计的创意发想法

4.3.1 思维方法

思维有广义和狭义之分，广义的思维是指人脑对客观现实概括的和间接的反映，它反映的是事物的本质和事物间规律性的联系，包括逻辑思维和形象思维。而狭义的思维通常是心理学意义上的思维，专指逻辑思维。室内设计是一门综合性较强的设计门类，它需要设计师既具有抽象的逻辑思维能力，又需要掌握以形象思维为主导模式的设计方法。

（1）综合多元的思维渠道

抽象思维着重表现在理性的逻辑推理，可称为理性思维；形象思维着重表现在感性的形象推敲，因此可以称为感性思维。

理性思维是一种逻辑的推理过程，它是一种线形空间模型，由一个点推导出下一个点，其方向性极为明确，目标也十分明显，由此得出的结论往往具有真理性。感性思维是一种树状空间模型的形象类比过程，由一个点可以产生若干个点，这些点可能是完全不同的形态，每一种都有发展的可能，从其中选取符合需要的一种可以再发展出若干个新的点，如此举一反三地逐渐深化，直至最后产生满意的结果。感性思维是从一点到多点的空间模型，方向性极不明确，目标也具有多样性，且每一个目标都有成立的可能。

室内设计属于艺术设计的范畴，偏重于形象思维。感性的形象思维能够帮助设计师由一点出发，发散联想，创造丰富、新奇的设计方案。但无论设计想法如何新奇，最终都需要运用技术手段予以实现，这就需要借助理性的

图4-35　理性思维模式，由一个点推导出下一个

图4-36　感性思维模式，由一个点可以产生若干个点

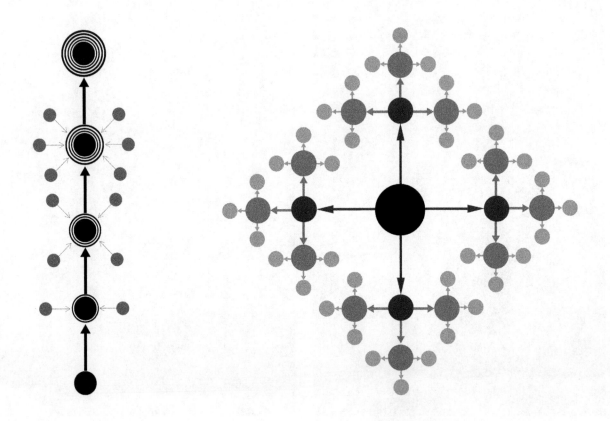

逻辑思维模型。因此，在进行设计时，丰富的形象思维和缜密的抽象思维必须兼而有之、相互融合。当单元线性思维难以解决纷繁的设计问题时，运用多元思维方式产生可供选择的方案。可见使用综合多元的思维渠道是公共空间室内设计思维方法的主要特征。

（2）创意发想法的思维工具

创意发想法是建立在多元思维渠道基础上的一种思维工具，通过建立一点到多点的空间模型进行设计创意的发散想象与构思。

为了更好地理解和运用创意发想法，首先要了解其在整个设计过程中的位置。设计的过程是一个创造的过程，可以分为五个阶段：对于问题的调查认识阶段、分析问题确定目标阶段、设计展开阶段、设计定案阶段和结果讨论阶段。如表 4-1 所示，在调查了公共空间环境以及对功能和服务对象的分析之后，即进入设计展开阶段，并在这一阶段开始生成设计的理念。这个阶段为整个室内设计奠定了基调与格局，因而相当重要。利用创意发想法，在这一阶段产生尽可能多的设计构思和方案，那么，经过多次过滤，获得成功的可能性就越大。

表 4-1　设计创造的阶段

设计流程	前期调研	设计构思	初步设计	方案深化	方案确定	设计实施
表达方式	照片、表格、速写、分析图	构思草图	大量草图概念模型	分析图草模	效果图、施工图、模型	施工
设计创意发想参与	萌发	多	多	多	少	更少

创意发想法的有效实施需要一定的信息内容为材料，人的大脑中存储的信息越多，信息之间相互作用、连接的机会也就越多，有所发现、有所创造的概率也就越大。作为一名室内设计师，创新的设计构思不会无端产生，任何创造性思维设计的进行都是建立在丰富的知识体系之上的联想发想。

在公共空间室内设计中，创意发想法的思维工具主要包括样本资料法、头脑风暴法、联想刺激法。

① 样本资料法。样本资料法作为第一种设计概念生成的方法，也是传统的辅助方法。样本资料法是指在开始设计之前，必须搜集很多相关设计规范、设计要求、设计案例等资料。正如一句名言所说："我之所以能够站得这么高，因为我站在巨人的肩膀上。"好的设计概念不会从真空中产生，它是通过搜集众多人的想法和贡献，融合成新颖独特的概念。设计师应该充分搜集前人的优秀设计案例，学习、利用他们设计概念生成的方法。只有在大脑中存储更多的这类信息，才能够期待有所创新。

样本资料法的信息收集主要是文献资料收集。包括国内外设计书刊、学术期刊和学术会议文章，其次是教科书或其他书籍，还有大众传播媒介如报纸、广播、杂志、网上文献等。文献收集的目的是为了了解相关领域的主要研究成果、设计现状、最新进展、设计方向、研究动态、前沿理念等，其中对相关设计案例的收集尤为重要。

关注：

这种知识体系既包括室内设计相关的专业信息，又包括本章前两节所述的对公共空间环境以及对象的深入分析。因此，设计的前期调研十分重要，只有掌握详细的项目信息，才能为创意发想提供更广阔、更真实的联想材料，所产生的设计构思和方案才能更贴合实际，更具特色。

除了文献资料，信息也可以从其他信息源搜集，比如网络论坛和人物访谈。网络是时效性最强的传播媒介，论坛和人物访谈都是能够最迅速、最直接反映前沿设计理念和概念的平台。设计师要能够去伪存真，获取有价值的概念，这些概念可以用来生成进一步的概念。

② 头脑风暴法。头脑风暴法是一种依靠直觉生成概念的方法。团队成员在规定时间内提出问题并进行交流，要求与会者思维活跃，打破一切常规和束缚，随意地进行畅谈，发表意见，使他们互相启发，引发联想，从而产生较多、较好的设想和方案。当一个与会者提出一种设想时，就会激发其他成员的联想，而这些联想又会激起更多更好的联想，这样就形成了一股"头脑风暴"。头脑风暴法一般持续30~45分钟，最初的10分钟通常会用在问题的定位和熟悉上；接下来的20~25分钟创意方案先会剧增，到达一个平台期后开始消减。在整个过程中，如果一个成员的设想和方案是可实施的，那么团队成员就要把握最佳时间，积极反馈，再由此作为新的问题点，引起新的联想，这时创意方案至少会增加一倍，头脑风暴法的关键就是问题的提出。

头脑风暴法首要的优势在于能够在短时间内把许多人的努力联合起来，产生出一些个体不会产生的想法和更多的解决问题的方法。想法越多，最后得到有价值见解的可能性也就越大。因此，通过头脑风暴法通常可以得到一些意想不到的解决方案。

头脑风暴法的实施需要首先建立一个创意发想的团队，团队成员不仅是从事室内设计的人员或这个领域的专家，而且需要其他人员参与，比如公共空间的使用者、项目甲方或其他专业领域的人员，他们的加入往往可以促进新的想法的产生。

③ 联想刺激法。联想是从一个事物联想到另一个事物的思维活动。事物之间复杂关系发现，大脑中不同信息点的跳跃式连接，是联想的基本特征与功用。所谓联想刺激法，就是人们通过一个事物（事件）的触发而迁移到

图4-37 头脑风暴的过程，组建一个团队，团队中的成员踊跃提出自己的设想

图4-38 头脑风暴过程中将点子记录下来

图4-39 由一个个设想联系起来，创意发想

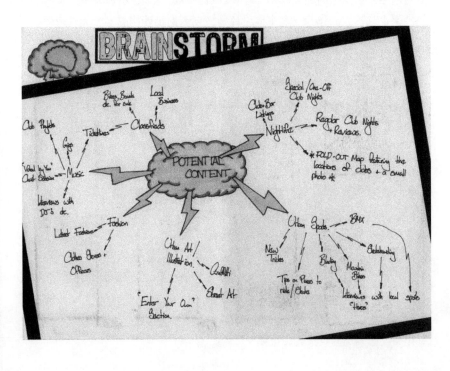

另一个或多个事物（事件）的思维方法。在联想之上再产生新的联想，使联想的内容愈来愈丰富，更具创造性，从而指导设计，创造出个性鲜明、极具创新、创意特色的室内空间。

采用联想刺激法最有效的方式就是借助 Mapping 法（心智图法）进行联想创意发想，它是开发右脑潜在能力的一种好方法。在设计研究中，Mapping（心智图法）法在抽象与具象的内容之间建立映射，并以制图的方式将问题、设计空间可视化，从而辅助探询和后续的分析。具体操作如图 4-40、图 4-41 所示，在一张纸中间定一个主题，结合头脑风暴法，产生各种联想，像树枝一样发散出去，形成大量创意思维，这样就形成了 Mapping（心智图法）的树形图像。在这一过程中，会有一些意想不到的创意产生。

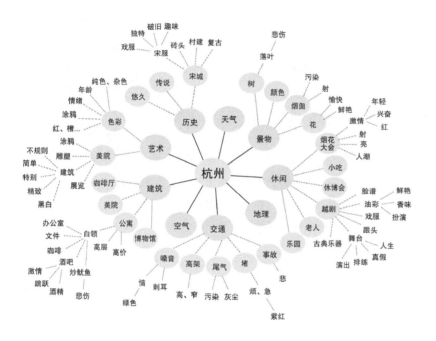

图 4-40、图 4-41 Mapping 法（心智图法）联想创意发想法

由"杭州"引发的创意联想，每一个分支还可以产生新的联想，将其中几个关键词联系起来，就可以形成一个连续的创意构思

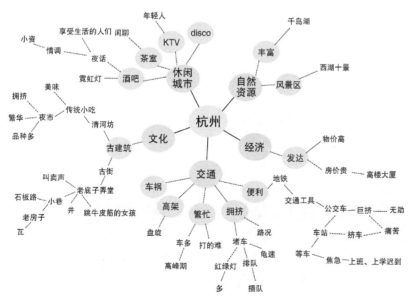

图 4-42 Mapping 法（心智图法）联想创意发想法的应用

这是一个学生关于"印象杭州"主题引发的创意联想。这个学生由杭州想到了交通，由交通联想到交通工具，由交通工具又联想到公交车，由公交车又联想到杭州拥挤的交通路况及搭乘公交车的现状，因此她便以这条线为主题，将联想的若干个点联结起来，形成了自己的"印象杭州"创作

4.3.2　概念物化表现

借助创意发想法产生的设计构思和方案，不能永远停留在大脑中，最终需要物化为可视化的图形进行设计思维的表达与展现，即概念物化表现。概念物化表现实际上就是设计思维进行表达的过程。

（1）设计思维的表达

一个室内设计方案的设计过程与思维表达是分不开的，这个过程自始至终都贯穿着思考、绘图、感知、分析等内容，是一个设计者通过在纸上不断勾画脑中的形象并不断思考、修改的过程。在这个过程中，思维表达作为一个有力的工具促进设计者的思考，同时也是表达设计构思和方案的最佳选择。在设计过程中，视觉起到了重要的作用，设计者主要运用思维表达的方式使方案不断地深入和完善。

图4-43　图解思考的过程（[美].保罗拉索《图解思考——建筑表现技法》）

在这个过程中，会有新的设想不断产生，其原因在于所谓的新设想其实就是通过观察和组合老设想得到的，可以说一切思想都是相互联系的，而思考的作用是将原有的思想重新筛选，然后再加以组合。在这个看似封闭的信息循环网络中，眼睛、大脑、手和图形这四个环节都有可能添加、削减或者变化这个网络的信息，循环的次数越多，信息通过的次数越多，变化的机遇也就越多。通过绘制清晰而客观的图纸，使设计师得到了原来不在大脑中的视觉形象。

对于室内设计专业这门特殊的学科，思维表达能力的训练显得尤为重要。我们知道，设计是一个解决问题和协调矛盾的过程，室内设计更是如此。解决这些矛盾靠语言和文字的手段是绝对不行的，仅凭借大脑中的空想也十分困难。因此，设计者要使用图解分析的思维表达的方式来分析问题、解决矛盾、探求答案。

图4-44　图解分析可以快速地将平面、透视和节点的设计方案同时以图形方式物化出来，并进行方案的修改与深入设计

（2）图解分析的思维方式

感性的形象思维更多地依赖于人脑对于可视形象或图形的空间想象，这种对形象敏锐的观察和感受能力，是进行设计思维必须具备的基本素质。所谓图解分析思维方式，主要是指借助于各种工具绘制不同类型的图形，并对其进行设计分析的思维过程。

公共空间室内设计是一门综合性极强的设计类别，要求有缜密的思维与良好的思考方式。构思的表达在设计中有着举足轻重的地位。图解图形不但能表达设计构想的成果图样，更能帮助设计师在构思过程中激发想象和进行思维判断的重要过程。

设计思维的图解分析在设计过程中表现出了显著的优势，主要体现在以下两个方面。

① 图解分析是设计师在设计时所萌发的思维最直接、最自然、最便捷和最经济的表现形式。它可以在设计师的抽象思维和具象的表达之间进行实时的交流反馈，使设计师有可能抓住转瞬即逝的灵感火花；设计的图解分析方式也是培养设计师对于形态的分析理解和表现得很好的方法，它是培养设计师艺术修养和技巧的行之有效的途径。

② 图解分析也是设计师提高交流效率的有效工具。在设计师与客户沟通和交流过程中，当客户看到设计师的图解分析图形时，能够很容易地掌握设计师的设计意图与设计倾向，也比较容易就主要问题做出相应的反应。另外，在客户提出修改意见的时候，设计师可以当即对其进行修改，把交流成果表现其上，从而得到直接而快速的反馈。因此，在室内设计领域，图解是专业沟通的最佳语汇，掌握图解分析思维方式也就显得格外重要。

图 4-45　在手绘图解过程中，可以根据所成图形进行方案的随时修改与调整，逐渐完善设计方案

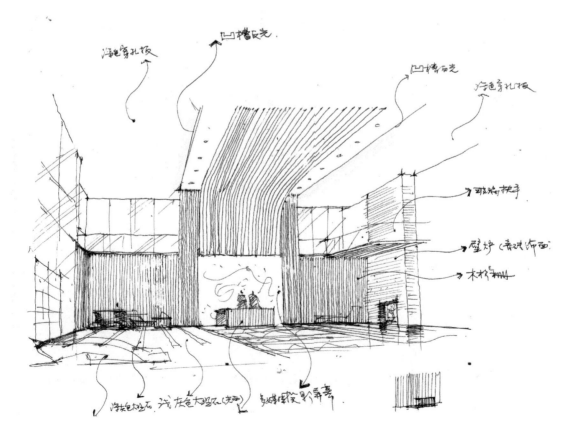

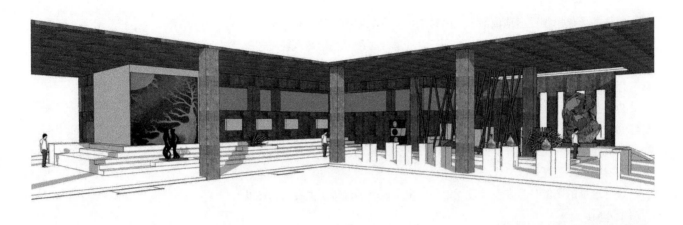

图 4-46 计算机三维模型的图形分析，可
以精确地表现出室内的空间关系、比例、尺
度以及细节设计等，使设计方案更为形象化

（3）对比优选的思维过程

当我们运用形象的感性思维创意出若干个设计构思时，就需要抽象的理性思维对这些设计方案进行对比优选，最终确定最优的设计方案。因此，对比优选的思维过程是建立在综合多元的思维渠道以及图解分析的思维方式之上。没有前者作为对比的基础，后者选择的结果也不可能达到最优。

对比优选的过程应当贯穿整个设计思维表达的过程，它是从思考到表达，由表达到思考，再由思考到表达的反复过程，通过可视图解图形的思维表达形式进行概念的对比优选。可以说对比优选的思维决策，在艺术设计的领域主要依靠可视形象的作用。

① 从思考到表达。设计思维表达过程的第一步是把头脑中最初的设想表达出来，也就是从思考到表达的过程。此时的设计表达成果往往是一种网络状的发展方式，它孕育了各种新形式得以发生的机会，是一种富有创造性的方式。我们通常会用到关系图解这种抽象的形式来表现设计关系，对设计关系中最重要的因素进行阐释，进一步明确在头脑中还混沌不清的设计关系，为设计的进一步完善提供空间。

② 从表达到思考。设计师经历了从思考到图解表达的过程后应该重新回到思考的过程。该过程包括三方面内容，即总结、对比优选、拓展。

总结呼应了上一阶段的成果，但是这个成果仅仅是整个设计过程的开始。呈现在我们面前的这个暂时性成果必然是不完美的，这些不够完美的因素或是未经考虑的部分都将是下一步设计得以推进和完善的基础，应该把这些因素进行不断地总结和反思。

对比优选是把总结的成果不断深化，这一过程是多次反复的。比如通过抽象几何线平面图形的对比，优选决定空间的使用功能布局和最佳的功能分区；通过对不同界面围合的室内空间透视构图的对比，优选决定空间的形象等。对比优选的过程是极其重要的，它甚至比最终得出的成果更有意义。

拓展则挖掘出设计思维中新的可能性，它能给设计注入新的活力。在图解分析过程中，常常会出现与原来的思路不同的情况，比如不规则弯曲的线条、多出的形体、无意识的重叠等。这些常常被看做是意外的情况事实上具有意想不到的价值，有助于我们摆脱原来惯性的想法，并拓展出更为广阔的思维空间。

③ 再从思考到表达。经过反复的重新思考，设计得到了新的想法和方案优化的可能性。完善后的设计思考最终还是要反映在表达上面。此时的表达可能是设计方案最终呈现出来的成果，也可能是其中不断反复的过程中的一环，直到设计方案令人满意为止。

图 4-47、图 4-48　方案的对比优选

这是一个陶艺工作室的室内空间设计，针对 5.3m 的室内层高特点提出两个设计方案，一个方案是传统做法将室内架空出二层空间，另一个方案是在空间中创造新的连续空间。通过各种类型的图解方式，对方案进行对比优选

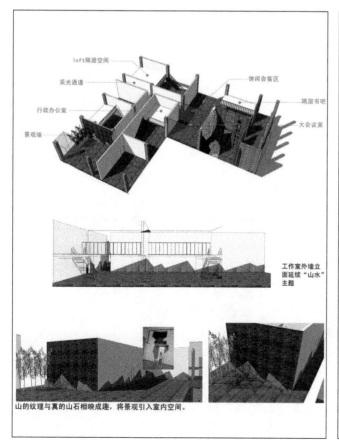

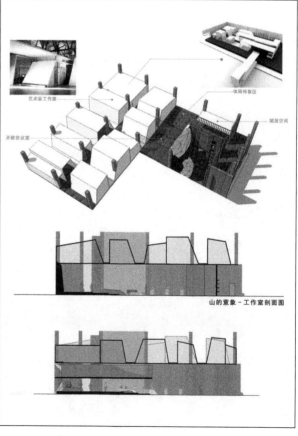

图4-49　点是视觉的中心，在设计中，中心点往往会被人们赋予一定的文化主题或特殊意义，成为空间的象征

图4-50　运用吊顶、灯具、植物等来界定一个空间或场域

图4-51　商业空间中的中厅、展览空间中的大厅、办公空间中的休闲区等，都是人们活动和文化汇集的场所

4.4　把握公共空间的设计要素

创意发想的思维工具帮助设计师建立了公共空间室内设计的主题创意与方案构思，并在设计过程中，通过图解分析方式得以视觉化展现。图解分析的过程，即是对公共空间室内设计进行表达的过程。创意想法的实现，最终需要在空间的功能布局、组织构建、界面设计等方面得以物化表现，因此把握公共空间的视觉要素、空间限定要素以及时间限定要素是最基本、最重要的内容之一。

4.4.1　视觉要素

（1）点

点是构成万物的基本单元，是一切形态的基础，点的要素可以线状排列形成线的视觉效果，同时在一定范围内排布也可以形成面的感觉。点没有具体的形状或体形，它是相对于特定环境的烘托下，展现自己的个性。这种特定的环境的大小、围合方式、形态等要素都会影响点的特性，背景环境的高度、构成关系的变化也使点的特征产生不同的形态。

① 点是视觉的中心。在室内空间中，点是处处可见的视觉要素，它扮演着重要的角色。在空间中较小的形都可以看作是点，相对于周边环境而言，中心点起着点缀、警示等作用，它常常占据着空间的中央或者重要位置。

② 点是空间界定的位置。标志物作为城市空间中的点，可以帮助公众在城市中记忆一个区域，以便辨别自己所处的位置，确定自己的方位。在公共空间室内设计中，也常常用点来界定空间。

③ 点是场所的汇集处。在公共空间中，往往有供公众活动的中心场所，这就是空间中的中心汇集点。它是人们集散的空间，人们在这里集会交流、举行活动、信息发布、传播知识……

④ 点可以创造韵律。点按一定规律排列或组合时，可以创造出节奏与
韵律。节奏与韵律有着内在的联系，是一种物质的动态过程中，有规律、有
秩序并且富有变化的一种动态连续美。它可以是多个点的组合，以加强体量；
可以是点有规律的排列，形成强烈的艺术形式感；它也可以以自由形式出现，
形成一个区域；或按照某种几何关系排列以形成某种造型。

（2）线

线在室内设计中的作用非常重要，它是点不断延伸、组合而形成的，有
长短和粗细之分。在形态构成中，主要以基本型的长度与宽度和深度之比来
判断是否为线的形式。线可以是点的轨迹、面的边界以及体的转折。线在室
内设计中是非常活跃的，所以它在室内环境中的运用需要根据空间环境的功
能来定，明确表达意图，否则就会造成视觉环境的紊乱。

① 线是边界的定义。线可以起到界定边界的作用。对于建筑来说，线
是构成空间的面与面的交线，如垂直的墙线、脚线、顶棚线等，具有限定空
间的意义；对于室内空间来说，线是空间使用权的象征，代表着空间的控制。

② 线是方向的定义。线的方向在空间设计中是决定其特征的主要条件，
有方向的线具有不同的形态，如有安定、挺直的直线，有严肃、竖直、上升、
下沉的垂直线，有积极、动感的斜线，有饱满、充实、向心的圆线，有动感、
委婉、柔和、个性的曲线，有不安定的折线、有波动、高雅的弧线，有动感
强烈的螺旋线……

③ 线是结构的表达。在室内空间设计中，作为结构的线往往会被强化
处理，以突出空间的结构与形体美。如利用灯光、色彩等手段，对吊顶的结构、
柱子的形体、地面的高差等进行重点表现。

图 4-52　吊顶与地面有规律的点相映成趣，
灯光的间接出现又使规律的吊顶产生韵律美

图 4-53、图 4-54　吊顶、灯光、铺地、家
具等强化出的线要素，创造出了不同的空间
类型

④ 线是装饰的功能。不同样式的线以及不同的组合方式可以创造丰富的装饰效果，代表一定的文化信息和地域风格特色，以及某种性格特征。它如同点的特征，可以创造出具有节奏与韵律的装饰效果。

图 4-55　木结构形成的线型吊顶，与地面线型装饰图案形成呼应

图 4-56　木质线条形成连续的吊顶顶面

（3）面

面是二次空间运动或扩展的轨迹，是线的不断重复与扩展，它只有与形结合才具有存在的意义和价值。在形态构成中，当一个面具有较浅的深度时，虽然是三维空间的体，但也可以看成是面。面的形状有直面和曲面两种，不同组合可以形成规则或不规则的集合形体，也具有自身的性格特征。在公共空间室内设计中，空间的界面设计即属于面的设计，包括地面、顶面和侧界面。

① 面是空间形体的界定。室内空间是由界面围合构成，面起到了界定空间的作用。不同样式的面以及不同的围合方式可以分隔出不同的空间形态。常见样式有直面、斜面和曲面。直面最为常见，斜面可以为规整的空间带来丰富的变化，曲面常常与曲线联系在一起共同为空间带来变化，作为限定或分隔空间的曲面比直面的限定性更强。

图 4-57　曲面的围合创造出灵动的空间形态，既限定出了空间的形体，又创造了空间的使用功能

② 面创造了空间的使用功能。公共空间室内界面容纳了人类的一切活动。人们在地平面上建立公共活动空间，创造了从事生产、活动、人际交往等不同使用功能的空间。如满足聚会、娱乐等社会功能的休闲空间，满足买卖、交流等功能的商业空间，满足学习、研究、创造等功能的办公空间和文教空间等。

③ 面把单独要素有机结合在一起。在公共空间中包括使用者、家具、陈设、植物等不同的单体要素，它们都在面的空间里发挥着自己的作用，同时面也给了单体要素一个支撑的平台，这些要素也成为室内设计的基本素材。

图 4-58　室内底界面创造了满足聚会、娱乐、学习等社会功能的休闲空间，将家具、陈设等要素结合在一起

④ 面创造了不同的性格特征。不同形态的面具有不同的性格特征，不同的性格特征有不同的形式，不同的形式给人不同的感受。平面能给人以平和、延伸的性格特征，斜面表现为引导、暗示、流动的性格特征，曲面则显示流动、引导、自由、活泼的性格特征。根据空间的功能特点，可以使用不同形态的面以创造不同风格、氛围的空间环境。

（4）体

当面有了深度后，就形成了体的要素，它是具有长、宽、高三维的形体。面围合而成的体块将空间分为了内部与外部两个空间环境，界面也可以由此分为内界面与外界面。在设计时，要根据体的功能确定内外界面的设计，即实体与虚体，前者为限定要素的本体，后者为限定要素之间的虚空。

图 4-59　同一空间中，不同形态、不同质感的地面、顶面和墙面创造出丰富的空间效果

① 体是空间组织的构架。在室内空间中，体大都是较为规则的几何形体以及简单形体的组合。可以看做是体的内部空间构成物，它构成了室内空间的组织与构架关系。体与点的排列与组合类型相似，如成组、对称、堆积等。由于人们视觉上的感受不同，又会形成点化的体、线化的体和面化的体。

② 体创造了空间的使用环境。面创造了空间的使用功能，面创造了不同的性格特征，因此由面围合而成的体就创造了空间的使用环境。体表面的造型、尺度、材质、色彩等装饰处理手段，决定了体的性格特征与重量感。

4.4.2 空间限定要素

抽象的视觉要素点、线、面、体，在公共空间室内设计中，表现为客观存在的限定要素。建筑内部就是由这些实在的限定要素：地面、顶棚、四壁围合成的空间，就像是一个个形状不同的空盒子。我们把这些限定空间的要素称为界面。界面有形状、比例、尺度和式样的变化，这些变化造就了建筑内外空间的功能与风格，使建筑内外的环境呈现出不同的氛围。

（1）水平要素

① 基面。基面是建筑空间限定的基础要素，它以存在的周界限定出一个空间的场域。在室内空间设计中，常常通过色彩或材料质感上的不同赋予面一定的图形，从而划定出明确的范围，表明功能分区。

图 4-60　空间中的体，提供了具体的使用功能

图 4-61　管道形成的虚体创造了餐厅中具体的使用空间

　　同时，还可以通过抬起或下沉方式，以强化面的空间限定。抬高的基面形成了空间中的实体，下沉的基面形成了空间中的虚体。通过基面的抬高或下沉，将在大空间内创造一个小的空间领域，沿着抬高或下沉的边缘限定出这一领域的界限。随着抬高或下沉的尺度变化，所限定的空间领域与周围环境之间的空间和视觉连续的程度随之发生改变。抬高的空间领域具有外向性特点，往往成为空间中的视觉中心；下沉的空间领域暗示着空间的内向性或私密性。

图 4-62　下沉的基面
图 4-63　抬高的基面
图 4-64　基面所形成的空间限定

　　② 顶棚。顶棚是建筑空间终极的限定要素。它以向下放射的场构成了建筑完整的防护和隐蔽性能，使建筑空间成为真正意义上的室内。顶棚可以限定其本身与基面之间的空间范围，因此顶棚的形状、尺寸以及距离基面的高度决定了空间的形态。在公共空间室内设计中，常常利用顶棚的形式、材料、色彩或图案等不同来限定空间以及强化空间的氛围。

图 4-65　顶棚限定的空间形式

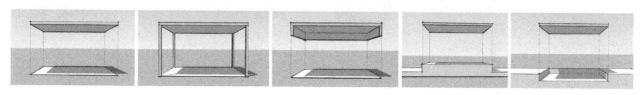

（2）垂直要素

水平要素可以限定一个空间的领域，垂直要素则是建立空间的垂直界限，使得它所限定的空间体积以及围合感更强烈。垂直要素可以是起承重作用的墙面，也可以是控制空间环境之间的视觉及空间连续的分隔界面，同时还可以是线性的要素。

① 垂直面要素。墙面是建筑空间实在的限定要素。它是以物质实体形态存在的面，在基面上可以分隔出两个场域。单一垂直面可以界定一个空间的边缘，但不能限定一个空间领域，单一垂直面只有与其他要素相互作用，才能限定一个空间的体积。垂直面的高度、形式、质感、色彩和图案等条件影响着空间的视线流通、领域围护感及空间氛围。

② 垂直线要素。柱子是建筑空间虚拟的限定要素。它们之间存在的场构成了通透的平面，可以限定出立体的虚空间。两根柱子限定出一个"虚面"，三根或更多的柱子，则限定出空间的体积和形态，这个空间界限可以与更大范围的空间自由联系、渗透。

图 4-66　空间垂直限定要素所形成的不同空间形态

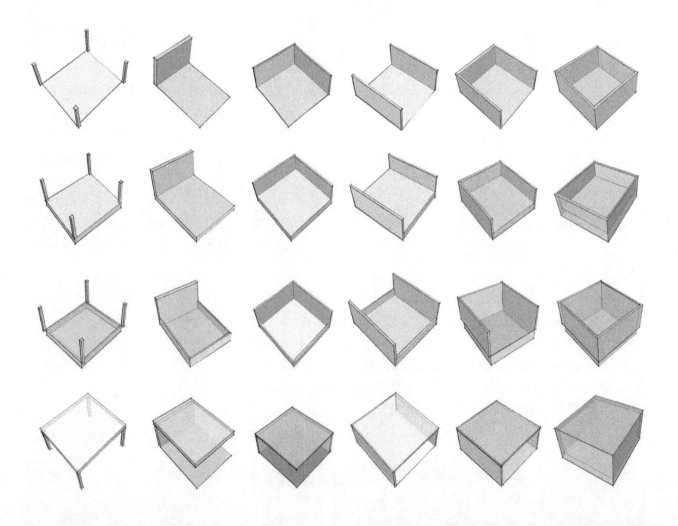

图 4-67　垂直墙面限定了明确的空间形态

图 4-68　垂直立柱作为空间的隔断，既限定了空间领域，又使空间得以流动、渗透

4.4.3　时间序列要素

公共空间室内是供公众使用的场所，它的内部空间环境不是一成不变的，而是随着时间的演进，人们活动的发生而发展变化的。因此，室内设计是一个时空连续的四维表现艺术，而不是浅层含义上的空间装修概念。优秀的室内设计作品，应当是空间表现艺术与时间的完美结合。这同样符合"以人为本"的设计理念，以人的主观时间感受为主导的时间序列要素来穿针引线，将室内空间联系起来，使室内空间设计更为整体、有序，从而为公众创造丰富的空间体验。

（1）空间序列

空间序列是指室内环境中的各个空间以不同的尺度与样式连续排列的形态。空间序列的组织即是室内空间功能布局与交通流线设计，它关系到室内空间的整体结构和布局的全局性问题。有什么样的交通流线，就会产生与之相适应的空间序列形式。

交通流线即人在空间中的主观行动，因此这种连续排列的空间形式也是由时间序列来体现的。在中国古典园林中，空间序列是园林造园中最常用的手法之一，通过观赏游线组织空间，形成开始段—引导段—高潮段—尾声段的序列节奏。空间序列可以通过空间的大与小、开敞与封闭、自由与严谨等方面的对比而获得节奏感。

（2）人物事件

既然时间序列要素表现为人在空间中的主观行动，那么人的行动速度以及行为活动就直接影响到空间体验的效果。

人在同一空间中以不同的速度行进，会得到不同的空间感受，从而产生不同的环境审美感觉。在人们需求多样化的今天，室内功能复杂多元使得人们步行速度和停留时间出现较大差距，这种差距决定了内部空间设计的不同手法和表现形式。

图4-69~图4-72　2012年丽水世博会韩国现代汽车集团工业馆

利用多维数据集成程序操纵变压器运动实现白色立方体的波动变化。立方体不同时间的不同变化,不同时间的人的流动事件,共同形成了室内空间的时间序列

另外,人物与事件是公共空间中随时在运动、变化、发生的要素,它们决定了室内空间的功能设计。同时,设计师通过室内空间的环境设计,也可以激发或引导事件的发生与发展,这种事件的发生与发展丰富了室内空间的内容。因此,优秀的室内设计作品应当在空间设计时为人物事件的发生提供必要的条件,使室内空间成为承载事件与故事的载体,在时间序列中持续动态的发展。

思考延伸:
1. 为何说把握公共空间中的环境与对象是十分重要的?
2. 创意发想的思维工具对设计主题的定位有何帮助?
3. 如何把空间的设计要素来进行公共空间室内设计?

第5章 公共空间室内设计的表达方法

5.1 公共空间室内设计流程与程序

室内设计是一门复杂的综合性学科，内容广泛，专业知识面广。它包含科学、技术、艺术、市场以及人们的心理活动等。作为一个室内设计师，必须了解社会，了解时代，了解人们的需求，了解委托方的要求等，分阶段逐渐完成设计任务。把握好室内设计的流程与程序，是保证设计质量的重要前提。一个优秀的设计方案，必须有一个总体工作计划和操作程序。

公共空间室内设计的基本程序首先必须了解设计的对象，然后进入前期准备阶段、设计构思阶段、设计初步设计阶段、方案深化阶段，最后是方案实施阶段。

5.1.1 前期准备

前期准备阶段是设计的开始，为设计做以下方面准备：设计准备，现场勘察、市场调研。

（1）设计准备

设计师在接受项目委托后，需要有一个设计准备阶段，在此阶段必须明确项目的任务和要求、设计规模、等级标准、总造价，熟悉设计的相关规范和设计要求，明确设计期限并制订设计进度计划，考虑各有关工种的配合与协调，收集、分析必要的资料和信息等。

（2）现场勘察

现场勘察是设计师对现场的诸多现实条件的勘察，它是设计得以顺利展开的基础，是非常重要的阶段。在现场勘察阶段，设计师需要核对图纸和现场是否有差异，了解建筑的外部与内部环境现状与条件，了解现场的基础设施、配套设备等情况，充分把握设计的全部基础资料，并现场做好记录，以

图5-1 整个展场的布置没有改变原有的结构和新增墙壁，而是用全新的方式让空间更为清晰，精妙的用光与裸露的混凝土形成对比，部分地板涂有反光漆。这个展览以一种非正式的感受与来访客人建立了联系

便后期进行详细的计划与安排，为下一步设计构思积淀相应的基础。

（3）市场调研

公共空间室内设计工作所涉及的范围较大，相关的学科也较多，包括整个学科的发展现状、相关的规范要求、人们的行为心理以及照明、材料等技术，这些都影响着室内设计的定位；另外，不同类型、不同功能的公共空间，其设计的要求与规范也不相同。因此，在开始设计之前，需要做一系列的市场调研，主要可分为理论梳理、设计案例分析、其他相关资料收集。

理论梳理主要是对项目相关的领域搜集大量文献资料，较全面地了解项目的理论基础、相关技术、设计现状、设计方向和发展前景等内容。

设计案例分析是指对使用功能和表达空间文化含义上相同或相似的优秀设计案例进行比较、分析，了解它们的设计背景、设计理念主题、设计手法、设计语言、设计要素等方面；并总结其设计规律与设计手法，以加强对理论基础知识的理解。案例学习是间接获得设计经验的良好途径。

其他相关资料收集包括人文背景分析、使用人群行为心理分析，市场需求考察，所涉及的相关学科资料收集等。如基本掌握建筑热工学、光学和声学的设计原理和方法；熟悉家具、陈设、灯具、绿化等室内环境设计的内容等。

5.1.2　设计构思与初步设计

根据以上所收集的资料，进行详细、深入的整理、分析与总结，将信息资料进行提炼和分类，再借助创意发想的思维工具进行设计主题的构思，以确定室内设计的定位。

（1）主题理念

主题是设计项目的核心理念，是设计的灵魂。对于同一个空间设计，不同的设计师会有不同的设计方案。最完美的方案一定是设计师与空间使用者共同理想的结合，是根植于项目本身的背景环境而发展出的最能体现其特色的设计方案，这就需要它具有自己特定的主题理念。没有主题理念的设计，

图5-2　一个陶艺工作室室内设计项目的主题概念由来

由"陶艺"展开创意发想，提取关键词，由关键词相互联系，创造出一个可实施的设计理念"山水间"

图5-3　主题理念的图示构思

从水墨图画和枯山水中汲取设计灵感，用现代设计的手法，重新演绎东方美学的神韵，平面布局以抽象水墨画为雏形，展开"山水间"的设计构思

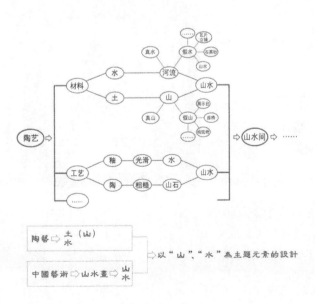

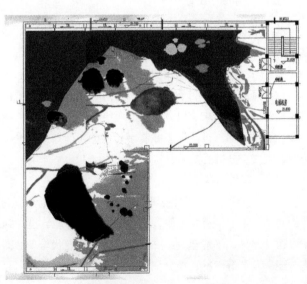

最终只会是设计的抄袭与东拼西凑，丧失了自身的个性特色。

主题是项目设计的脉络和主线，是处于第一位的决定性因素，始终主导着设计的全部活动，在很大程度上决定设计作品的特色与价值。一个优秀的设计必须有准确的设计思想和明确的设计方向，主题理念的构思是我们确立设计的重要依据。

（2）初步设计

设计的主题理念确立后，就可以根据主题进行创意构思，进入初步设计阶段。这时就需要借助创意发想的思维工具，根据主题理念进行创意发想，以自己的专业基础、信息积累和生活体验等展开大胆的想象，通过层层筛选，找到最佳的创意切入点，再反复思索推敲，最终产生一个优秀的构思方案。

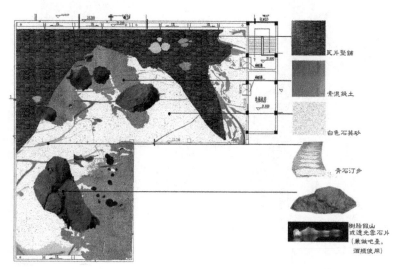

图 5-4　山水意象平面布置图

图 5-5　立体"山水"空间模型
泼墨的墨点设计成树脂假山座椅，寓意着"山"；深色泼墨用瓦片立铺代表"水"；清水混凝土材料表示灰色淡墨部分，作为具体的功能使用空间；不规则的墨线用青石汀步的点状连续排列表示，白色石英砂材料划出浅浅的水波纹路，表示山水画的白色纸面。加之布景化处理的植物，为空间增添了艺术的色彩，呼应了"山水间"的主题，同时又提供了使用的功能

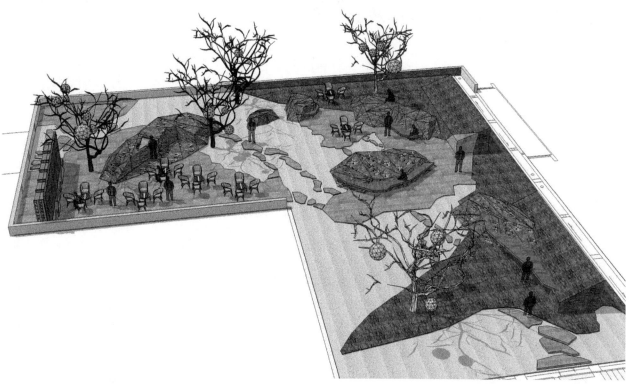

图5-6　展示台设计
提取陶艺工艺中釉与陶的不同质感特点设计展示台，陶面的粗糙质感呼应"山"，釉面的光滑质感呼应"水"

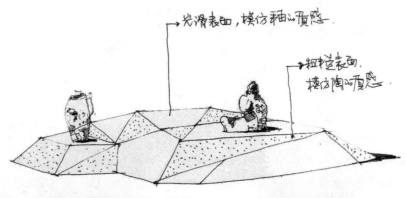

图5-7　接待台设计
模拟山体形态设计的空间构筑体，同时兼有接待台的使用功能，墙体的垂直界面用瓦片立铺方式拼贴出层层水波纹理，再一次呼应"山水间"的主题理念。从大空间到具体家具陈设设计，都紧紧地与主题相呼应，并创造出富有特色的个性化室内空间

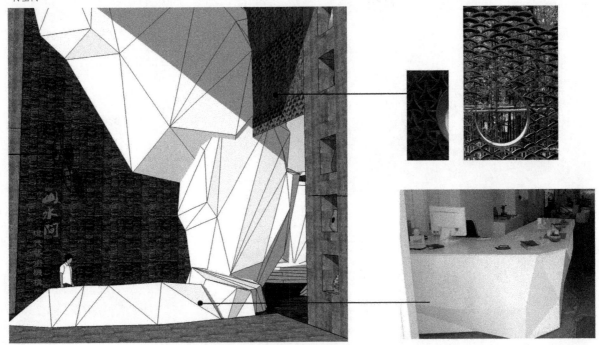

初步设计阶段包括方案构思、图解表现、对比优选等内容。方案构思包括室内空间的功能分区、交通流线组织、空间构造、界面处理、材料运用、设施配置、照明设计、色彩设计等；图解表现是以视觉传达的方式，把设计师的设计构思以图形方式表达出来，展示设计的理念；对比优选是对不同构思的几个方案进行功能、效果、经济、艺术等方面的比较，以确定最终的设计方案，它是形成最终确定性方案的必备阶段。

5.1.3 方案深化与确定

设计方案确定后，就进入方案深化阶段，对室内空间的处理做深入细致的分析，以深化设计构思。

（1）方案修订

方案深化阶段，需要具体考虑设计方案得以实现的技术手段、施工方式与工艺等。在这一过程中设计构思方案将逐渐清晰、完善，同时也会出现新的问题，这就需要重新修改、调整、优化某些细节的方案设计，以保证整体设计构思的顺利实现。

（2）施工图绘制

方案最终确定后，需要依据国家制图规范绘制施工图，包括图纸目录、材料表、实施技术要求、平面图、顶棚平面图、立面图、剖面图及细部大样图。另外，水电系统图、节点大样及固定家具和装置大样图也包括在设计的最终成果中。

（3）图纸会审

施工图绘制完成后，设计人员需要向施工单位进行设计意图说明及图纸的技术交底，经过审核、校队、审定、设计、制图、描图等人员的签字，施工图被认可后，可以进入施工阶段。

5.1.4　设计实施

工程施工组织是用来指导工程施工全过程中各项活动顺利进行、实现预期效果的重要工作，可分为如下三大把控阶段。

（1）前期准备阶段

在施工的前期准备阶段，首先需要详细研究施工图纸、材料选型、及材料市场情况，并制订相应的人、机、材的到位计划；了解施工场地情况，整理所有土建未完成工作项目以及不达标节点等疑问情况，与监理和建设方、土建总包进行沟通，并做好相关记录，然后进行图纸交底和现场交接工作；并制订详细的实施计划。

（2）进场实施阶段

在具体实施阶段，要严格按照实施计划节点进行进度把控，在每个工序实施前进行及时交底工作，动态调整实施计划；因图纸设计与现场施工会在土建结构等方面有一定的异同或偏差，需要进行设计变更和调整，及时与设计师进行沟通，并定期要求设计师进行现场核对工作；同时，定期举行工程例会和协调会，保持信息畅通，有效落实各项管理措施；注重施工安全控制和成品保护措施。

（3）验收交接阶段

交付验收阶段，对查验出来的问题进行整改，通过验收后进行精保洁工作；交接给物业或建设方时，需对各项功能详细交接说明，包括各项资料、设备使用说明、竣工图等电子文档和纸质文件移交。

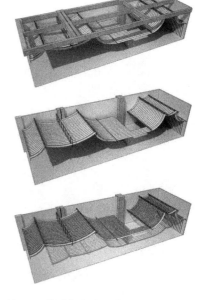

图 5-8　顶棚结构的分层示意图
在方案深化阶段，具体的材料与施工技术得以推敲并确定

图 5-9、图 5-10　凌空 SOHO 室内空间施工现场

5.2 公共空间室内设计的图解思考与图解表达

5.2.1 公共空间室内设计的图解思考

（1）公共空间室内设计图解思考的两种模式

自古以来，尽管人类的设计经历了巨大的变化，但就其设计过程的思维方式来说，其直接的、具体的、可视的特点却一直没有改变，总是由设计者头脑内先行出现样式或图像，然后通过画笔，将头脑里的构思描画到纸上，然后通过施工，利用材料把纸上的图像转变为现实的实体空间。我们可以把这种传统的手绘图解思维称之为"画笔思维"。

随着科技的发展，计算机的引入改变了这种传统、单一的思维方式，其转译的、多维的、理性的、数据的特点使得新技术（先进的计算机硬件及软件）、老方法（传统的基于图纸层面的图解思考）、设计面（随着技术和时代共同发展的当代设计实践活动）之间的种种互补、整合、协调、共进的关系不断演化。我们把这种利用数字化技术进行设计的思维图解方式称之为"键盘思维"。

图 5-11　3D MAX 键盘思维（模拟现实）
图 5-12　画笔思维
图 5-13　SK 键盘思维（概念模型）

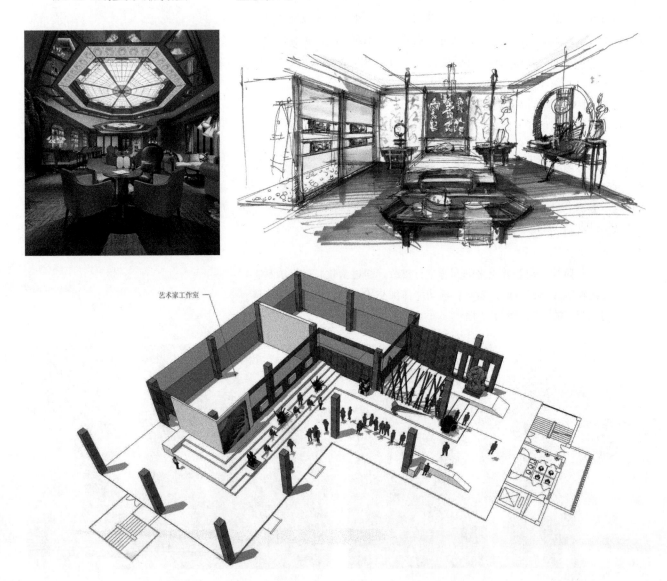

（2）两种思维模式的关系

① 画笔思维的直观性与键盘思维的转译性。画笔思维的核心是思维的视觉化，即用图像表现自己的思维过程和结果。其思维 – 图像 – 思维的交互过程通过图纸的修改而不断深化，其图像视觉化的过程贯穿始终，无论是在构思阶段突发灵感只有自己能看懂的方案也好，还是最终方案完成稿的建筑效果图也罢，呈现的是人、表现客体、表现媒介三者之间最为直接性的关系。键盘思维的核心是基于形象思维的计算机再转译化，也就是说，键盘思维的逻辑过程是思维 – 图像 – 转译 – 思维的反复过程，转译是键盘思维与画笔思维本质性的最大不同。这层转译关系又是由计算机思维来推导的，是一种基于计算机系统运用计算机语言来完成的过程。设计师借助于计算机强大的信息处理和储存功能，以及日益发展的多媒体技术及图形图像功能，帮助和进行思维描述。

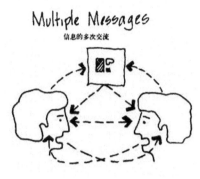

图 5-14　人脑的思维模式

② 画笔思维的时间性与键盘思维的空间性。设计要经过观察、提问、培育、灵感、验证这五个具备先后顺序的阶段，这种排序往往不为人察觉，有时是基于本能，或者是基于某种约定俗成。比如设计一个公共室内空间，通常先确立基准线及长、宽、高的具体比例关系；然后以此框架设计出各个界面，以及面和面如何交界变化的关系；再填入具体的家具和布置，最后可能是色彩关系及材质关系。其实，这种先后顺序本身就包含着一定的逻辑关系。与之相对，键盘思维更多的则是被操作对象的空间性变化。我们大可以先操作软件完成室内的空间框架和界面关系，而后是家具和配饰；倒过来我们也可以先挑选一件家具进行制作，然后去构建室内空间。如果说画笔思维

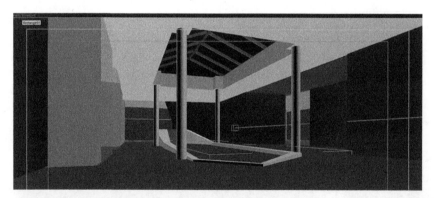

图 5-15、图 5-16、图 5-17　相比于图纸与传统模型更为精确、详细的虚拟三维模型，形成多渠道信息反馈，利于设计的调整

关注：

　　在公共空间室内设计中，设计方、施工方、委托方构成一个大合作框架，设计－施工－验收也就形成大的工序。而在数字技术条件下，仅仅在设计阶段就可以模拟施工，虚拟现实，打破时间顺序的限制，让施工方和委托方预先看到"成品"，形成多渠道信息反馈，利于设计的调整。

的逻辑程序像串联式，那么，键盘思维的逻辑关系则更像并联式。画笔思维以其顺序的一维性强调了时间性，键盘思维则以对顺序一维性的打破而强调了空间性选择。

　　③ 画笔思维的经验性与键盘思维的数据性。当设计师利用画笔进行设计时，从他在纸面上勾勒的草图到最后完成的效果图，尽管离不开创造性想象，但其基础都必然是经验，是根植于他现实经历和艺术经验的总和。经验不但决定着设计师如何设计、表现、制作等方面，而且还影响着虽没表现出来但却隐蕴在头脑中的思想。

　　随着计算机技术的突飞猛进，基于计算机图形学的计算机图像软件提供的数据库功能也越来越强大，以前设计者往往需要更多的经验和知识面才能解决的一些复杂问题，今天在数据库功能的高效参与下而得到多手段的解决。因此，充分挖掘键盘思维相对于画笔思维的数据库优势，成为当代设计必须重视的又一点。

　　④ 画笔思维的技法性与键盘思维的技术性。当我们清晰、具体、准确地借用"笔"这个媒介来表现自己脑中的图像时，需要熟练的表现技能来支撑。一个"画笔"功力深厚的设计者，往往寥寥几笔便能清晰有力地体现其概念与想法，看看各位设计大师的草图就知道画笔在他们手中尽能如此随心所欲地表达所思所想。

　　键盘思维与画笔思维一样不可脱离图像思维，只不过当我们用画笔作画时，我们需要绘画技巧，技巧直接决定着表现力；当我们操作计算机作图时，同样也需要技巧，技巧越娴熟，计算机就能越快地接受使用者的意图，完成任务指令，表现效果。

图 5-18　键盘思维具有强大的数据库和精确的尺寸依据，可以使随心所欲的画笔思维产生的设计方案模拟现实化

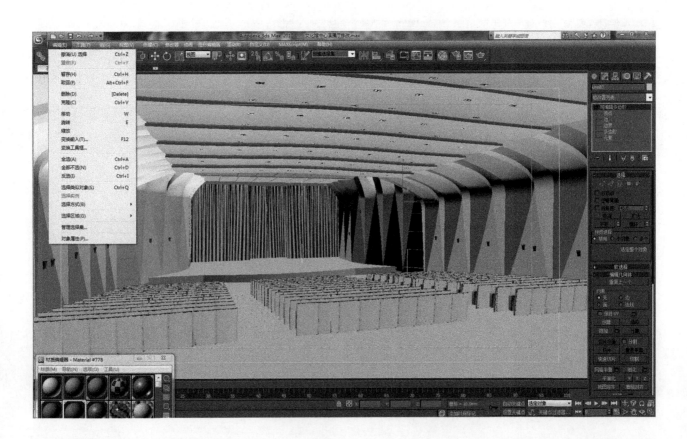

5.2.2 公共空间室内设计的图解表达

设计思维图解思考与表达的步骤与设计流程相一致,一般可分为前期调研、方案构思、方案推敲、方案深化、方案效果表现五个阶段。在设计思维表现的过程中,在不同的设计阶段,应该选择合适的图解表现方法。

（1）方案构思的徒手图解表现

① 对现状条件的图解分析。对现状条件的图解分析重点是对基地以及对产生影响的周边环境的客观描述,其目的在于掌控当前所呈现出来的一系列客观要素,使后期的设计具有最基本的依据。而在这些描述中,可以借助图像、图表的方式对场地现状进行具体的认知与分析,帮助设计师了解客观事实,其中包括地理区位描述、周边关系描述、具体平面描述以及空间形态描述。总结出相应的为后续设计服务的现场第一手资料,并归纳出场地空间的优势与劣势,为后续的设计做好铺垫工作。

② 对室内平面功能布局的图解分析。室内设计的平面功能布局的图解分析是利用图解方法,根据人的行为特征,研究交通流线与实用功能之间的关系。具体来说,需要利用好室内空间中位置、形体、距离、尺度等时空要素。研究分析过程中依据的图形就是平面功能布局的草图或草模。

平面功能布局的图解分析要解决的是室内设计功能层面的核心问题,重点包括功能分区、交通动向、家具摆设、陈设装饰定位、设备定位等。使用功能泡泡图定位各功能空间大体的位置和面积,思考空间动线的穿插方式,在几种思路中权衡利弊,思考各功能空间内部的布置,利用逻辑思维和图像思维合理协调各因素之间的矛盾,从而得出最佳的布局方案。设计者应需要通过大量的预想布局的相互比较来得出理想的综合布局平面。

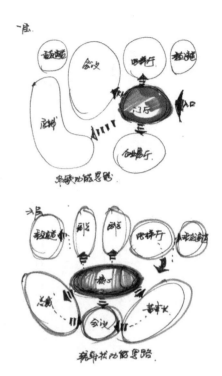

图 5-19 平面布局的功能泡泡图分析

图 5-20 根据功能泡泡图确定的各个功能区关系,深化成为平面功能布局方案

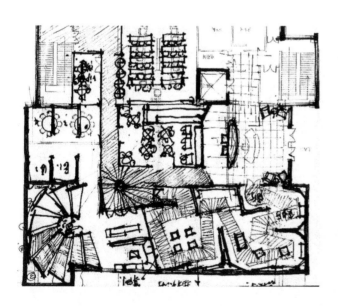

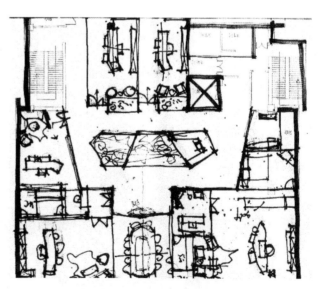

图5-21　办公空间室内平面功能设计

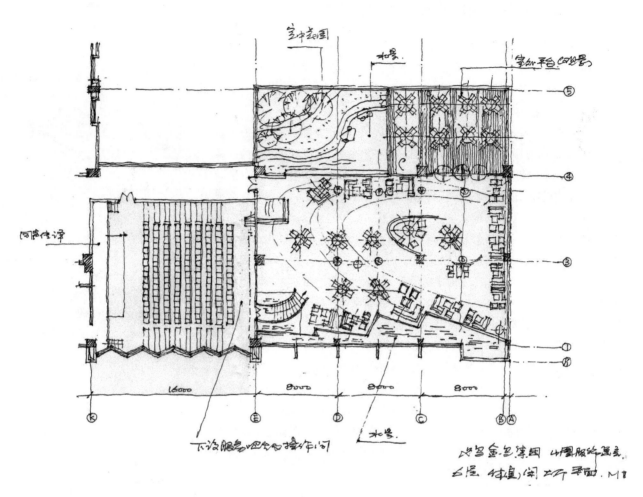

图5-22　计算机制图表达平面功能布局关
系，更为直观

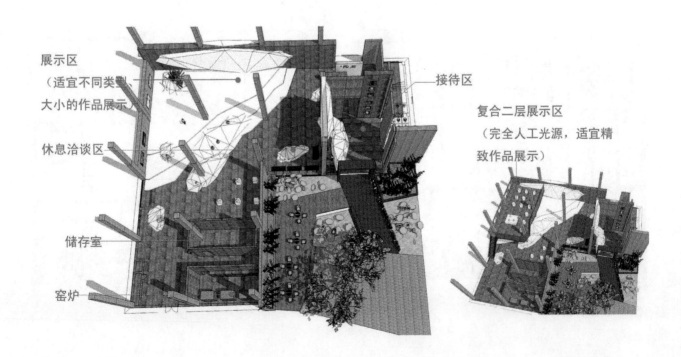

展示区
（适宜不同类型、
大小的作品展示）

接待区

复合二层展示区
（完全人工光源，适宜精
致作品展示）

休息洽谈区

储存室

窑炉

③ 对空间形象构思的图解分析。室内空间形象构思的图解分析是室内设计艺术表达的重中之重，是平面功能布局的延伸，空间形象构思的重点应放在空间虚拟形体与建筑构件、界面硬装、陈设软装、灯光效果综合艺术氛围的营造上。

需要注意的是，解决方案不应该，也不可能是一个，因此设计者此时的设计表达应该是具有灵活性和可变性的，可以不断地在上面进行修正和改进，不断地实现思维的相互转换。此时的表现目的在于迅速记录下头脑中闪出的灵感，因此表现的手段一定是概括的、抽象的，在省略众多的细枝末节的情况下仍然能够鲜明地表现方案特征。可以说，这是设计中最重要的一环，也是设计表达对设计思维本身帮助最大的一环。

图 5-23、图 5-24、图 5-25　空间构思草图

概念阶段往往以手绘空间透视草图为主，利用从大到小的思维方法，结合准确的手头表达能力，将设计概念物化为虚拟的、模糊的初始形态，为后续的深化设计找准方向

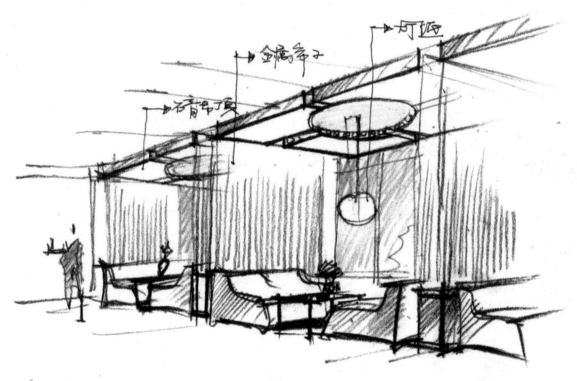

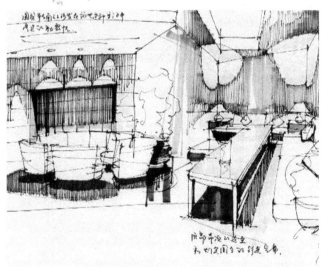

图 5-26　水利博物馆室内中庭设计方案构
思草图
　　通过简单地用线清楚地交代出中庭的空
间组织关系以及构筑物与界面设计

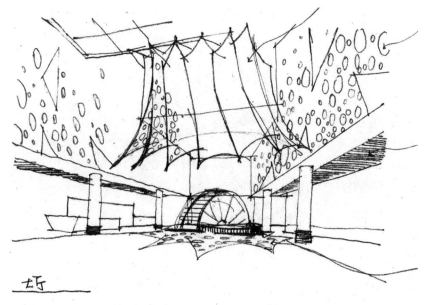

图 5-27、图 5-28　设计方案比较优选的图
解分析
　　以门厅方案为例，设计者构思了两套方
案：一套方案设想将大厅的一根辅梁打掉，
通过建筑结构加固设计构建出一个高两层
的类正方体空间，从而彻底解决门厅低矮的
问题；另一套方案设想不去辅梁，只是打掉
半块楼板，既节省成本也让门厅低矮的空间
劣势稍有改观。设计者通过权衡两个方案的
造价预算、功能合理性、形式美观性等重要
因素后，与业主进行了深入沟通，使得业主
也清楚了解了各方案的利弊

（2）方案推敲过程中的图解表现

① 设计方案比较优选的图解分析。确立若干个初步设计草案后，通过勾画的透视小稿，继而要进行方案解析，来分析方案的合理性、实用性、独特性与可实施性，最终确定一个最佳的设计方案。这一阶段主要是通过分析室内空间与环境的关系、空间的比例尺度关系、交通流线组织关系、材料质感表现效果、装饰手法、色彩、灯光等问题，对设计方案进行进一步的修改与调整。

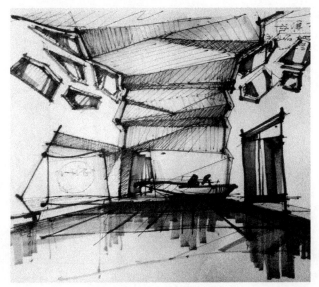

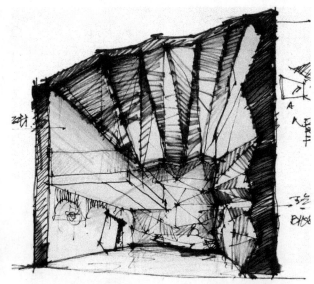

　　室内空间设计方案在初始阶段以手绘草图或草模的形式来帮助设计者深入构思，而设计者随着一边将脑中所想的模糊概念以具象的图面形式不断完型，一边又能通过完型后的各种假想可能性以图像的直观形式反馈回脑中进行逻辑分析和感性分析。当这种往复的过程不断激发设计者灵感时，设计方案的比较优选过程也随着变为有机的生长过程。随着设计者不停地优化自己的构思和设计，其追求的设计目标和空间形象也愈显清晰，直至达到设计者满意的结果。

图 5-29、图 5-30、图 5-31　电脑草模方案的对比优选
　　对具体的功能、材料、色彩、灯光等进行颜色区分表现，以便观察整体空间效果，同时进行调整，完善设计方案

图 5-32、图 5-33　一个餐饮空间的室内设
计方案对比
　　不同的吊顶方式、墙面处理通过手绘图
纸清晰地表达出了预想效果

图 5-32、图 5-33　一个餐饮空间的室内设
计方案对比

②　设计方案概念确立后的图解分析。设计过程中的方案比较优选阶段往往是设计者自问自答的过程，重点是自己能读懂，并不在乎图面表现的精准和完美。而概念确定后的图解分析则是另一种概念。在这里，方案图作业具有双重作用，一方面它是设计概念思维的进一步深化，需要更多表现出清晰的细节；另一方面它又是设计表现的关键环节，是需要委托方能够理解并看懂的。

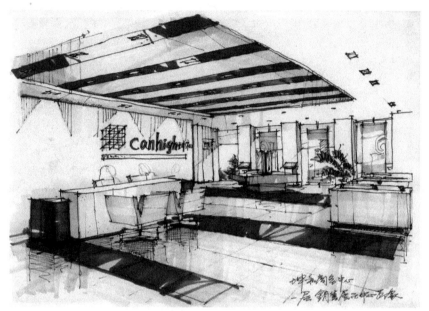

图 5-34～图 5-36　方案确立后的图解分析往往要求平面、立面功能图纸绘制要足够精确，并符合相关规范。空间透视表现图力求透视准确，最好能利用色彩拟模拟真实场景

图 5-37、图 5-38　大厅接待区室内设计方
案图解分析

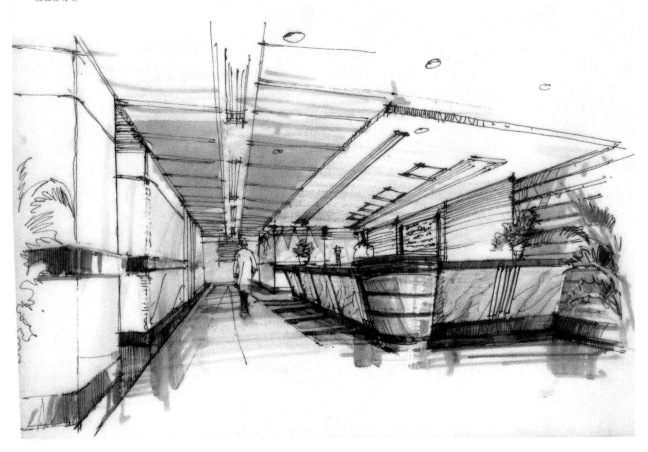

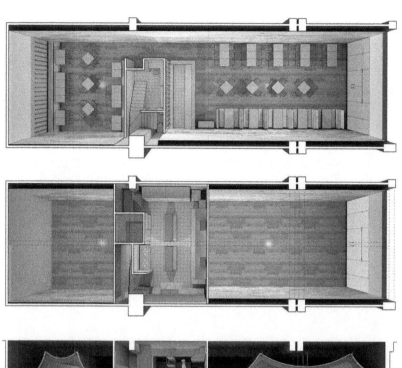

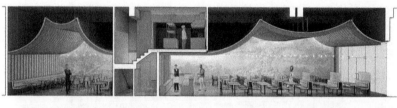

图 5-39　Sketch Up 三维模型图解

采用计算机硬件及三维软件来模拟虚拟空间，可以近乎以假乱真地全真模拟设计对象的空间、光影、材质、造型等方面。因此，巧妙利用键盘思维参与到设计方案概念确定之后的图解分析阶段，能够起到事半功倍的效果

图 5-40、图 5-41　3ds Max 模拟现实空间模型

随着平面功能布局的敲定，空间布局也产生了雏形，接着就是通过三维效果图的方式清晰地表达各界面形态和关系。如顶面楼板开孔加装天窗、四根柱体顶天立地围合出中轴线上的小型景观院，同时打破原始空间扁平特征，强化了空间的高敞感；采用三角体块的模数组合变异，营造主体界面的特殊性，打破呆板，灵活又不失稳重；左侧墙面通过玻璃景观盒子的插入，材质上与对墙面形成适当对比，同时利用玻璃反射特征，增强空间虚实变化，营造空间光环境的层次感

（3）方案深化过程中的图解表现

一般来说，室内设计方案经委托方通过后，即可进入施工图作业阶段。如果说方案比较阶段更多是以"构思草图"为核心，方案确定阶段则是以"表现空间图像化"为重点，那么施工图作业阶段则是"标准施工"为目标。AutoCAD施工图图解表现是以室内空间材料构造体系和尺度体系为基础，让施工人员尽可能清楚明了设计者意图，并以精确的尺寸和材质参考来方便室内设计施工。

图 5-42　一个电影院公共空间的室内设计施工图纸，包括平面布置图、顶棚平面图、顶棚尺寸图、地面铺装图、立面图、细部大样图若干（详图见附录）

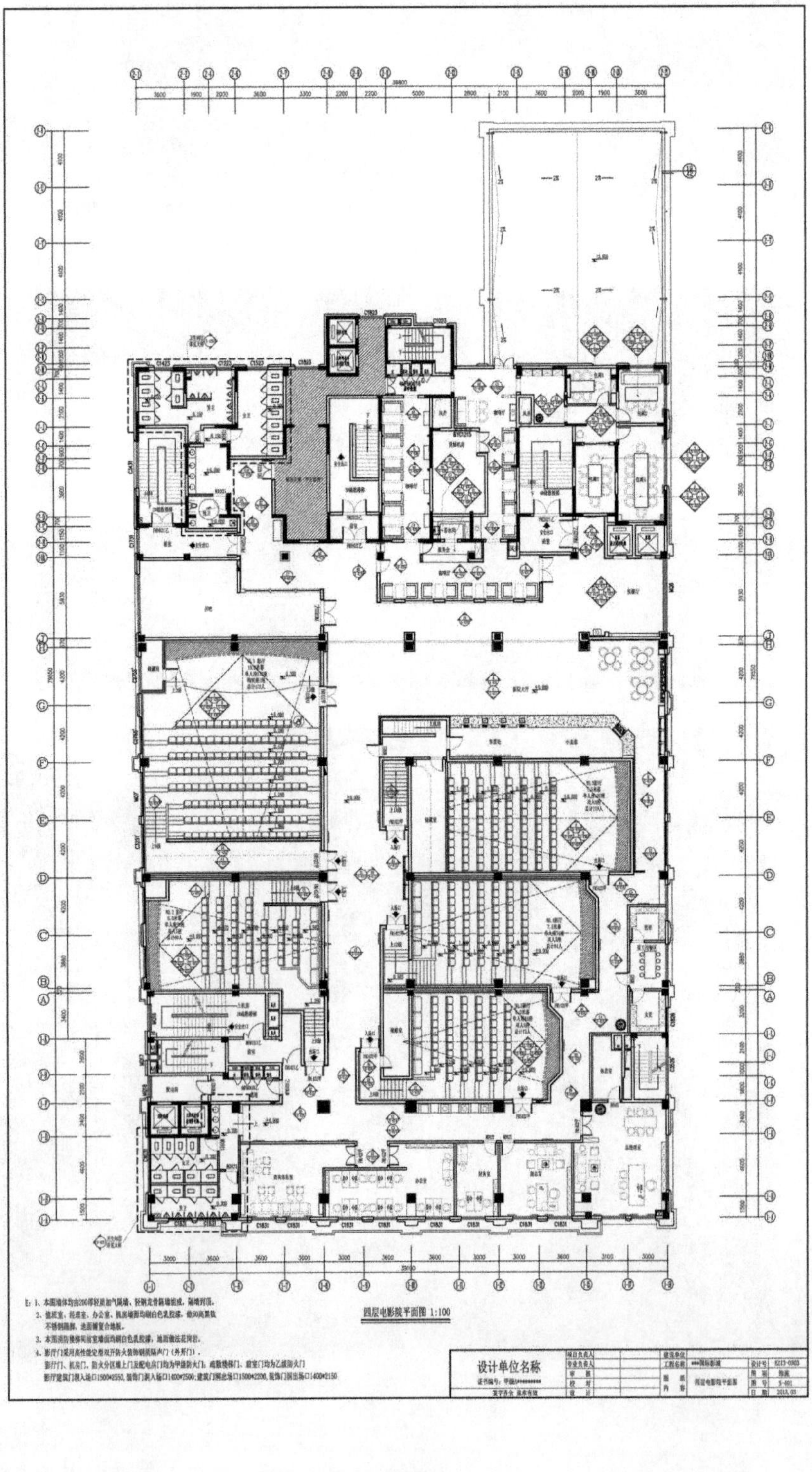

四层电影院平面图 1:100

关注：

室内设计的施工图制图一般沿用建筑制图规范，在绘制时要依据国家制图规范绘制施工图。需要注意的是，室内设计的施工图更注重界面细部的表现，立面图表现层次较多，尺寸标注以尽可能清晰地交代对象以确保设计的实施为准则，并进行材料的具体划分。在具体绘制过程中，可以根据设计表达的需要，局部采用适合室内表现特征的某些画法。

（4）方案确立后的图解表现

① 三维空间建构模型图解表现。在把功能要素和空间要素转化为计算机的模型元素的图解阶段中，运用计算机可提升室内设计空间构想中的潜力，运用体积模型能帮助设计者思考如何将空间构成与所在场景紧密联系起来。在不同的设计意念表达过程中，我们采用不同的体积模型并使之与特定的功能与形式相吻合，便于我们直观地感觉到空间构成的形式，使用体积模型的好处利于空间设计构思。理论上来说，这种属于键盘思维的图解方式相比与二维图解的单一视角是可以做到 360° 无死角地观察整个室内空间。

图 5-43、图 5-44　三维建模模拟实景效果图

②　四维图解表现。四维图解表现是指将"虚拟现实"技术应用在公共室内空间设计等领域，将静态的三维图形转化为动态的四维空间表现。在漫游动画应用中，人们能够在一个虚拟的三维环境中，用动态交互的方式对未来的建筑环境及室内空间进行身临其境的全方位的审视：可以从任意角度、距离和精细程度观察场景；可以选择并自由切换多种运动模式，并可以自由控制浏览的路线。而且在漫游过程中，还可以实现多种设计方案、多种环境效果的实时切换比较。能够给用户带来强烈、逼真的感官冲击，获得身临其境的体验。

图5-45　在设计过程中，用3ds MAX草模单元进行设计有着很大的灵活性并且有很强的形体表达力和控制力，可以使空间以虚拟真实化地图解方式呈现在我们面前

思考延伸：

1. 公共空间室内设计的流程中各个阶段的工作有哪些？

2. 设计思维表达的图解方式有哪几种？各有何特点？

3. 思考设计流程与图解思维的关系？

第 6 章　毕业设计构思与流程解析

图 6-1　场地调研照片

6.1 室内设计专业方向毕业设计教学大纲

中国美术学院环境艺术系室内设计专业方向毕业设计教学大纲

课程名称：室内设计专业方向毕业设计

（Interiror Design in front Graduation and B.A.Dissertation）

课程类型：专业必修课

开课对象：室内设计方向四年级学生

开课学期：第八学期

多媒体教学：是

学分：17

总学时：340（理论授课时：72 / 社会考察实践：16 / 课堂时间：138 / 实验室实践：114）。

（1）教学目的和要求

该课程是综合性较强的专业课，要求学生综合四年所学的课程知识，进行建筑的改造及室内环境的综合性设计，全面检查学生对本专业知识掌握的程度。该课程要求设计以真实场地为背景进行，具有较强的实践性。

（2）课程的基本内容及学时分配

城市旧建筑的加建或改建及其室内设计

① 老建筑改造项目的实地考察（3~5处）。

② 课程项目的实地调查与分析。

③ 建筑使用功能与室内规划。

④ 建筑改造的设备规划及法规知识。

⑤ 装饰工程的材料及概预算知识。

⑥ 建筑改造平、立、剖及模型（图解思考）。

⑦ 室内设计平、立、剖、模型及表现图（图解思考）。

⑧ 室内陈设设计及工程概算。

⑨ 论文写作。

（3）作业及要求

① 全部建筑改造的图解思考、平、立、剖面及模型。

② 全部室内设计的图解思考、平、立、剖面及表现图、空间模型。

③ 室内设计的材料照片与概算。

④ 有关设计说明及相关的理论概述。

（4）考核方式

毕业答辩，答辩委员会评分 室内照明设计对室内设计具有实用性和艺术性两方面的作用，这是室内照明设计的本质。照明的实用性是指在室内通过照明人们可以进行日常的活动，同时照明要符合人们的基本需求，不可过暗或过亮，否则会影响人的生理或心理健康。照明的艺术性就是用室内照明创造不同功能空间的气氛。总之利用室内照明进行实用性、艺术性设计就是对室内进行加工，以满足人们的功能需求和心理需求。

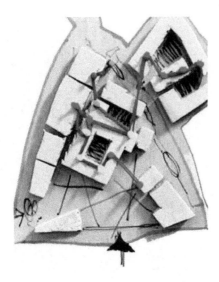

图 6-2   流线分析草模

6.2 课程案例概述

慈溪酒厂旧建筑空间改造设计是个真题假作的公共空间旧建筑改造、城市更新案例，项目位于浙江省宁波市慈溪鸣鹤古镇的原国营慈溪酒厂所在地块内。委托方要求对慈溪酒厂旧建筑空间进行改造，把该地块设计成一个综合性的艺术文化创意园。该案例是中国美术学院建筑艺术学院环境艺术系07级的毕业设计作品，是由一位硕士导师指导十名美院环境艺术室内班学生以团队分工合作的形式共同完成，被评为2011届中国美术学院优秀本科毕业设计。

图 6-3   场地透视效果图

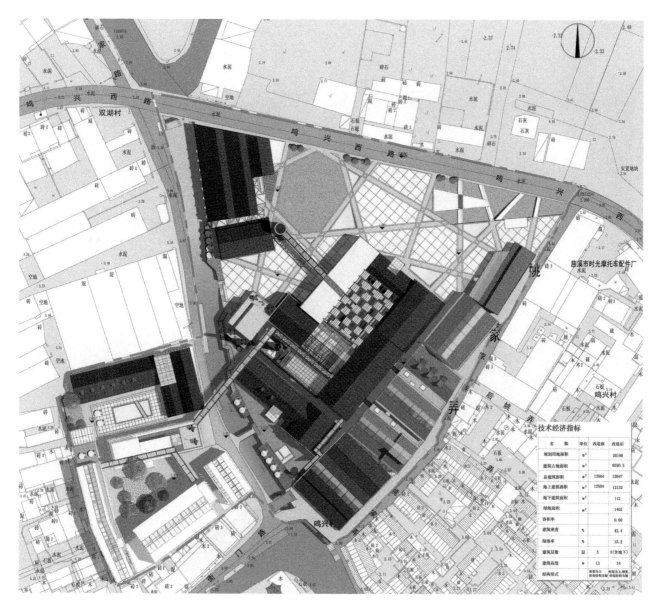

图 6-4　场地总平面图

6.3　设计构思

一切设计都来自设计者脑中的概念与构思，室内设计也不例外。视觉形象的创造借助设计师的构思呈现在大众面前。视觉形象永远不是对于感性材料的机械复制，而是对现实的一种创造性把握，它把握到的形象是含有丰富的想象性、创造性、敏锐性的美的形象。作为室内空间设计，美的形象创造就体现在这立体的空间中。

室内设计的思考方法，主要涉及下面三种关系。

（1）整体与细部的关系

设计必须要有个全局观念，这样思考问题和着手设计的起点就高。在设计思考中，首先应该对整个设计任务具有全面的构思与设想，树立明确的全局观，然后才能开始深入调查、收集资料。就整体与细部的关系而言，应该做到大处着眼，细处着手。

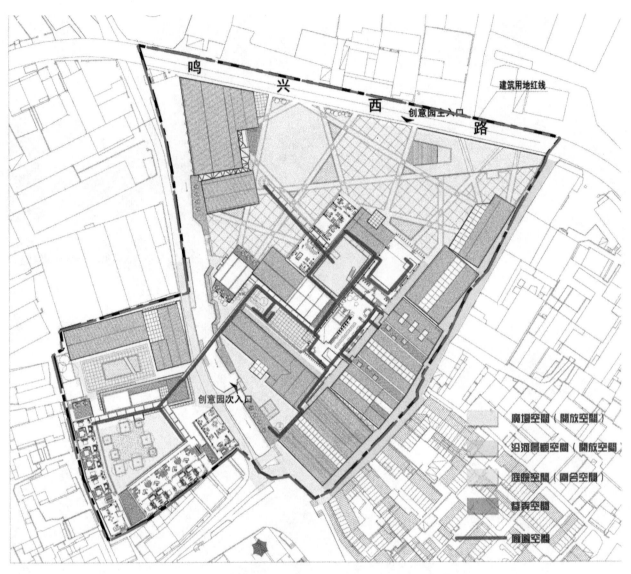

图 6-5　空间类型分析

（2）内与外的关系

任何建筑设计创作，应是内部构成因素和外部联系之间相互作用的结果，从内到外、从外到内，局部与整体协调统一。室内环境的"内"以及和这一室内环境链接的其他室内环境，以至建筑室外环境的"外"，它们之间有着相互依存的密切关系，设计时需要从里到外，从外到里多次反复协调，务使更趋完善合理。室内环境需要与建筑整体的性质、标准、风格，与室内环境相协调统一。

（3）意与笔的关系

"意"是指立意、构思、创意。"笔"是指表达。"意在笔先"，设计的构思、立意（Idea）至关重要。可以说，一项设计，没有立意就等于没有"灵魂"，设计的难度也往往在于要有一个好的构思。只有明确了立意与构思，才能有针对性地进行设计。产生一个较为成熟并独特的构思往往并不容易，需要有足够的信息量与充分思考的时间，需要设计者进行反复的思考与酝酿。

6.4 设计流程

设计师在进行室内设计时，对于每一个设计项目，都应在实地考察后进行创作。首先应在头脑中进行最初的构想，进而深化，初步确立方案的意向、立意构思。接下来利用草图的设计思维方式，对项目的功能、材料、风格进行综合分析。最后以手绘效果图或计算机辅助设计绘制出空间总体效果图以及施工图。

一个完整的设计方案要经历三个循序渐进的阶段：概念与构思（创意阶段），构思方案（草图阶段）和方案确立（设计表达阶段）。

图 6-6　场地肌理形成过程分析

6.4.1 概念与构思——创意阶段

设计思考可大致上分为两个阶段：第一个阶段是归纳与推理的过程，其间的可能性比较、对功能问题的考虑、对整体的环境效益的分析可能成为这个阶段的主要工作内容。该阶段的工作形式可以是文字的、图表的，其结果则可能是分析性的和决策性的。

接到毕业设计导师布置的设计任务书后，遵循着"大处着眼、细处着手"和"从外到内、从内到外"局部与整体统一的全局观思考方法，该设计小组前往宁波市针对慈溪鸣鹤古镇展开实地考察调研，分别从项目背景、周边业态分析、场地分析和文化创意园业态分析等四项切入点着手对项目场地展开深入分析。

（1）项目背景

① 区位（总图）。

② 文化创意园（概念）。

③ 旧建筑改造。

④ 城市更新。

⑤ 大环境历史文化（慈溪的历史分析和价值分析及慈溪经济发展情况、发展前景等）。

⑥ 制酒工艺（慈溪酒厂背景）。

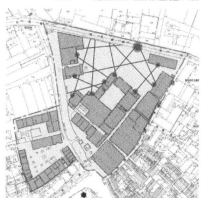

（2）周边业态分析

① 社会公共设施（学校、医院、公园、寺院）。

② 商业服务设施（商场、酒店宾馆、餐饮）。

③ 居住（居民区　高低档）。

④ 工业（工厂、厂房）。

⑤ 农业（田地）。

⑥ 旅游业（鸣鹤风景区、上林湖、金仙寺）。

（3）场地分析

① 交通（市内主干道、市外国道省道）。

② 如何进入慈溪市鸣鹤镇。

③ 场地内外消防流线（出入口）。

④ 场地内人的活动关系。

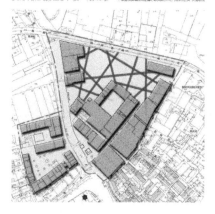

⑤ 场地建筑：典型建筑特征、场地高层（有价值的物象、元素）区域内功能关系。

（4）文化创意园业态分析

① 项目概况。

a. 人口环境、GDP/CPI 等经济环境、基本概貌（改造、指标、目前所处状态）。

b. 相关规划指标（厂房面积层高等，占地面积，改造面积）。

② 市场分析。

a. 政策（政府相关融资用地税收等政策优惠）招商可能性。

b. 基础条件（如是否有相关机构人才聚集、上下产业链、经济是否能支撑）。

图 6-7 廊桥交通分析

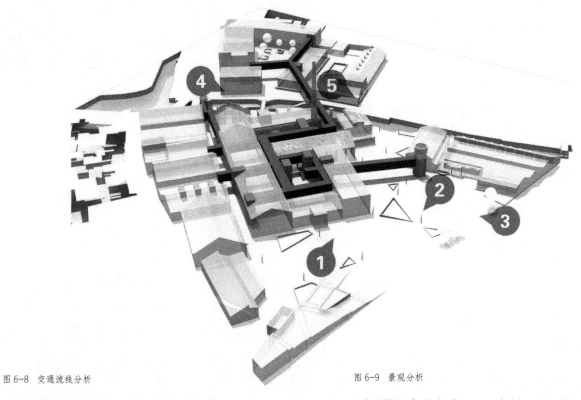

图 6-8 交通流线分析

图 6-9 景观分析

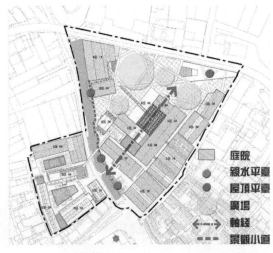

c.目标客户定位与分析。

d.竞争对手分析。

③ 市场定位。

a.针对人群（档次）。

b.主题。

c.核心竞争力的分析。

④ 该文化创意园相关业态规划 一项设计，没有立意就等于没有"灵魂"，设计的难度也往往在于要有一个好的构思。只有明确了立意与构思，才能有针对性地进行设计。调研阶段过后本案要进入构思创意阶段。实地调研分析获取了足够的信息量，该设计小组经过反复的思考与酝酿，针对本项目提炼出了三条有价值的设计理念。

a.清晰合理的功能布局。艺术家工作、生活状态和方式；展示、观者、艺术家三者的关系。

b.历史工业建筑的保护与再生。新加建筑以低调、俏皮的姿态植入旧建筑群体中，突出历史价值，表现附加价值。

c.总体布局。本案地块较平整，周边交通便利，处于鸣鹤古镇风景区，景色优美，气候适宜。因地块北面为区域内主要交通道路，考虑交通影响及园区外部形象，将人流主入口布置在北面中部。由于园区东北面有一大型停车场，故园区内不再设置停车区域。

整体布局以四周围合的内院形式为主，辅以巷弄、廊桥、广场等空间元素，衔接各建筑，营造一种多层次的空间关系。周边建筑多为底层传统民居建筑，故场地内建筑控高在 15m 内。考虑到园区内消防要求，原东侧巷弄狭窄，园区东部建筑整体向红线内退进 6m。

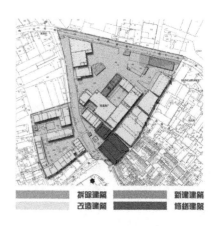

图 6-10　改造前后对比

图 6-11　宏观功能分区

6.4.2　构思阶段——草图阶段

慈溪酒厂旧建筑空间改造设计项目小组通过对慈溪酒厂场地内的典型建筑特征、场地高层（有价值的物象、元素）及区域内功能关系的现状分析和梳理，得出结论，在地块总平面上划分出了四种建筑类别，包括拆除建筑、新建建筑、改造建筑和修缮建筑。结合前期调研分析推理出的场地肌理形成过程，紧扣把该场地设计成一个综合性的艺术文化创意园这个设计定位，通过小组团队反复讨论和方案比较，最终对本案的设计地块进行了宏观功能分区，把场地分成 A 区（综合展览区）、B 区（餐饮服务区）、C 区（艺术家工作区）、D 区（艺术家社区）四个区。

A 区包括: 博物馆、展厅和商铺、次入口展厅、展厅和图书馆、多功能展厅、主入口展厅、新展厅。

B 区包括：主餐厅、主餐厅贵宾区、咖啡厅、酒吧。

C 区包括：制片人工作室、雕塑工作室、陶艺工作室。

D 区包括：综合办公楼、艺术家社区、小餐厅、青年旅社。

设计思考的第二个阶段则可能相对具体些。它是将前述的决策性成果用空间语言具体化的深入或调整过程。在这一过程中，设计师的空间想象力起

A区 综合展览区
B区 餐饮服务区
C区 题询家工作区
D区 题询家社区

A区1# 博物馆	B区1# 主餐廳
A区2# 展廊&商舖	B区2# 主餐廳
A区3# 次入口展廊	（贵宾区）
A区4# 展廊&圖書館	B区3# 咖啡廳
A区5# 多功能展廊	B区4# 酒吧
A区6# 主入口展廊	
A区7# 新展廊	D区1# 综合辦公楼
	D区2# 藝術家社區1#樓
C区1# 制片人工作室	D区3# 藝術家社區2#樓
C区2# 雕塑工作室	D区4# 小餐廳
C区3# 陶藝工作室	D区5# 青年旅社

图 6-12　局部模型 1

图 6-13　局部模型 2

着关键性的作用，而手上功夫则是确保工作顺利进行的基础。这是个手脑并用的过程，其中有愉悦，也有烦恼。所有的矛盾都可能跃然纸上，也可以说是一个乱中求秩的思维活动。在特定室内项目的设计概念初步确立之后，概念设计阶段的草图就成了反映设计师创意的方法。它是设计者自我交流的产物，通过大量草图的创作，设计师可以进一步推敲自己的设计构思。

第二阶段的初步成果是本案的各种表现图，有抽象的，也有具体的，它都有一股"速写味"，其实它的标准也十分明确。首先，表现图必须是富有分析性的，具有想象力的，它是一个方案多种可能的表现，利与弊的图形解说。而这种多样性的表达也是设计师想象力的体现。这种表现图的另一个特征是其设计语言在表达上的流畅性与明晰性。其间，功能关系是尽可能合理的；空间关系是趋于条理性的。而且在这一类图中往往还记录着设计方案的调整过程和一些文字加以辅助的图形表达。

最后要强调的是，设计表达的中肯性。也就是说，表达在图纸上的设计内容是有其实践意义。在室内空间的整体设计中，设计师应注意结合建筑构件、界面、照明、陈设等元素把握总体艺术气氛，并从构图法则、意境联想、艺术风格、材料特征、装饰手法展开思维。首先是要能造得出来，所选用的结构要合理，重点部位的构造大样要合乎构造逻辑，建筑物理上要有初步的声、光、热方面的考虑；在工程经济问题上也应可能反映出适当的关注。完成了初步的草图之后，或在构思的过程中不时勾出几张轴测图，或以不同角度的透视来作为设计构思的辅助手段，也是必要的。这里草图很富有可读性，可以作为讨论稿来对待，它并不需要画得很完整，并不着眼于画面表现效果的好坏，能说明问题就行。

6.4.3　方案确立——设计表达阶段

方案确立后则是设计概念精确表达的过程。设计师要通过图形、文字（设计思想的阐述），将创意严谨地呈现出来。如有问题，还需要进一步校正设计概念。它也是设计概念思维的进一步深化。

图 6-14　局部模型 3

这套方案图包括平面图、立面图、透视效果图以及施工图（构造样式、材料、搭配比例等）。平、立面图要绘制精确，符合国家制图规定，透视图要忠实于室内空间的真实情况。可以根据设计内容选择不同的表现技法（水彩、水粉、透明水色、马克笔等）。随着计算机辅助设计的广泛应用，三视图制图部分基本已经完全代替了复杂的徒手绘制，而透视图、效果图的计算机表现效果也越来越逼真。

方案确定后的设计表达阶段可以分为两个阶段：第一个阶段是方案图的绘制阶段，第二个阶段就是方案深化后的施工图阶段。设计方案图的表达既可以是手绘，也可以运用计算机辅助设计。在学校专业课程中，作为学习阶段的方案图还是提倡学生手工绘制，通过大量的手绘训练，达到一定水平后，再运用计算机辅助设计必将在设计的表现中获得事半功倍的效果。

慈溪酒厂旧建筑空间改造设计项目方案确立后，进入到设计表达阶段。设计小组根据方案总平面中的宏观功能分区，对公共空间中最基本的人体尺

图 6-15　局部模型 4

度、人流动线、活动范围和特点、家具与设备等的尺寸和使用它们必需的空间尺度等几个方面着手进一步深化，针对区块内的重点特色建筑进行了从外到里、从建筑到室内空间的整体设计。针对每一栋重点建筑都绘制了平面图、立面图和透视效果图，对设计概念做出了精确的表达。

（1）A 区

① 博物馆。作为具有中国代表性的黄酒体验博物馆，设计以时间为线，酿造技术为轴，串联黄酒历史渊源，并按照年代顺序陈列、展示物件或影像，图片时间走廊的概念是对黄酒文化进行阶段性的概括，并利用 2400mm 的狭窄空间以及老旧酿酒池附玻璃的地面，给人浓厚的酒文化氛围。曲面的展示墙是以"曲水流觞"为概念引申出的抽象形式。参观者随着深入可以发现更多丰富的与黄酒相关的历史和故事。在自由曲线布置的展厅观赏一圈后还可以参与酒体验，在能够了解大量信息的同时也能体会到参与的乐趣。

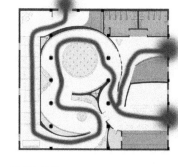

图 6-16 时间走廊流线分析

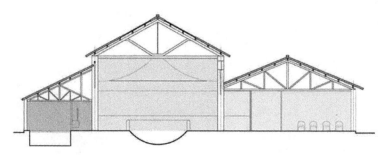

图 6-17 博物馆剖立面图

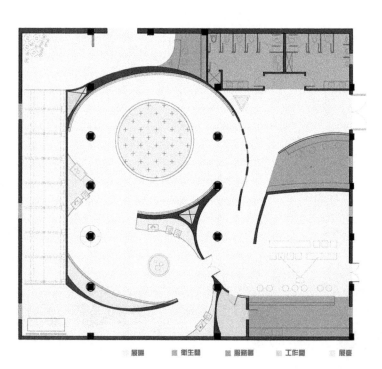

图 6-18 博物馆平面图

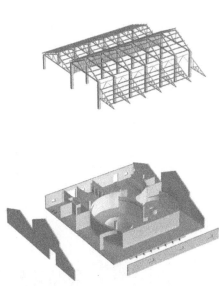

图 6-19 博物馆轴测拆分图

② 多功能展厅。多功能展厅位于园内艺术沙龙片区中，集艺术家作品展示、演讲报告、艺术创作交流等功能为一体。面向主入口的东北立面前装有可旋转的木格栅板，当该区域内为展示功能时可开启格栅，以便室内外的交流互动；当该区域内需要举行演讲报告等活动时，可以开闭格栅，以创造相对安静封闭的室内空间来满足其功能需求。

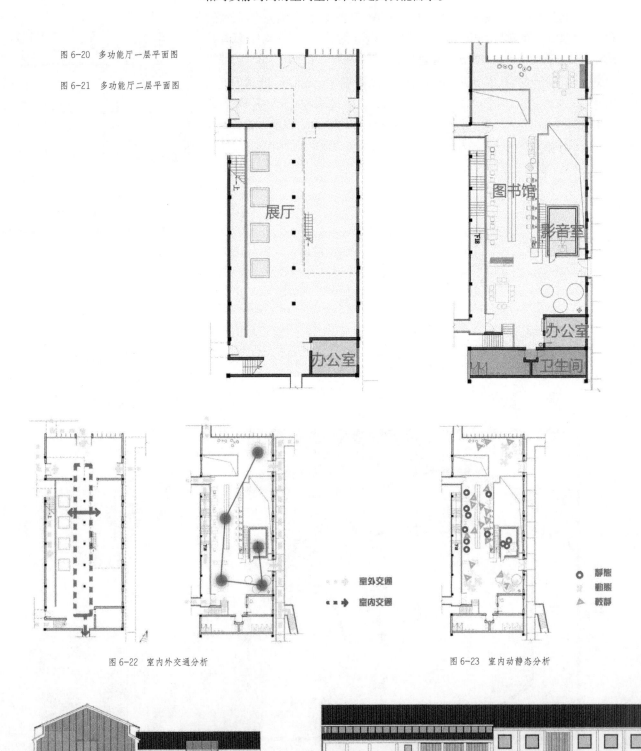

图 6-20 多功能厅一层平面图

图 6-21 多功能厅二层平面图

图 6-22 室内外交通分析

图 6-23 室内动静态分析

图 6-26　4#展厅二层平面图

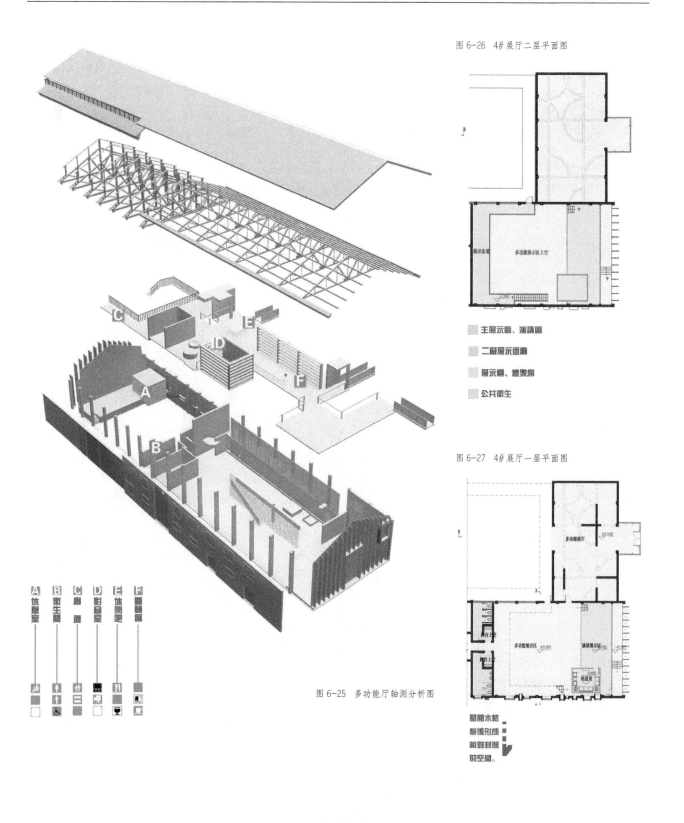

主展示墙、演讲区

二层展示退廊

展示墙、膳架席

公共卫生

图 6-27　4#展厅一层平面图

A 休息室
B 卫生间
C 廊道
D 影备室
E 休闲吧
F 阅读区

图 6-25　多功能厅轴测分析图

關閉木格
栅後形成
相對封閉
的空間。

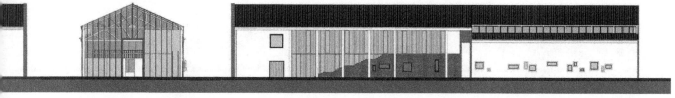

图 6-24　4#、5#展厅、多功能厅立面图

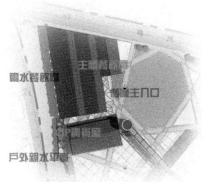

图 6-28 主餐厅及贵宾区户外景观图

（2）B区

① 园区主餐厅。餐厅定位主题餐厅，分三个部分：主体区、VIP区和户外景观区。主体区中有主要餐饮区、临水餐饮区。户外设置户外亲水餐饮区。

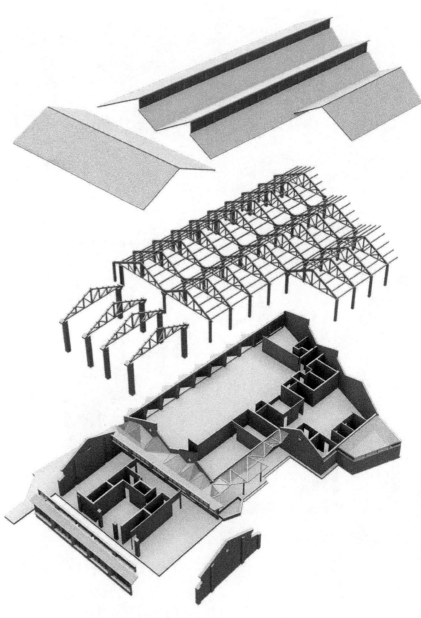

图 6-29　主餐厅及贵宾区轴测拆分图

图 6-30　主餐厅及贵宾厅轴测图

图 6-31　主体餐厅南立面图　　　　　　图 6-32　主体餐厅及贵宾区临水立面图

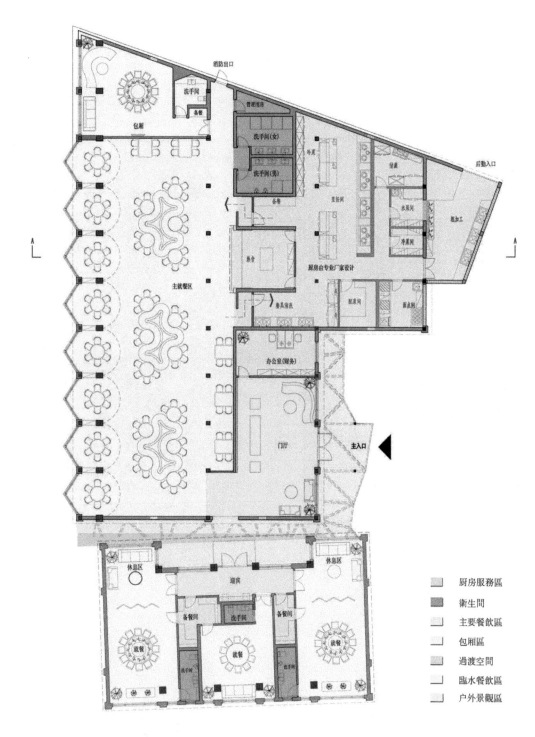

图 6-35　主餐厅及贵宾厅一层平面图

图 6-33　主体餐厅主入口立面图　　　　　　　　　　　　　　图 6-34　贵宾区立面图组

② 咖啡吧 。咖啡吧分散座区、半隔断区、包厢区、屋顶户外区。长直跑楼梯中间放置到达二楼的散座区。

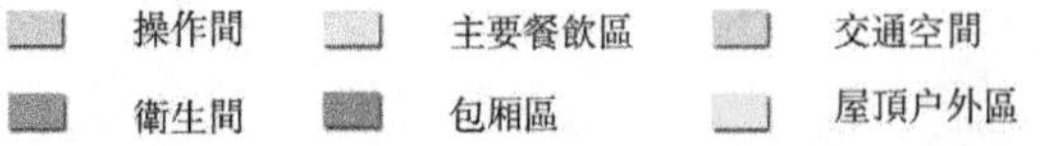

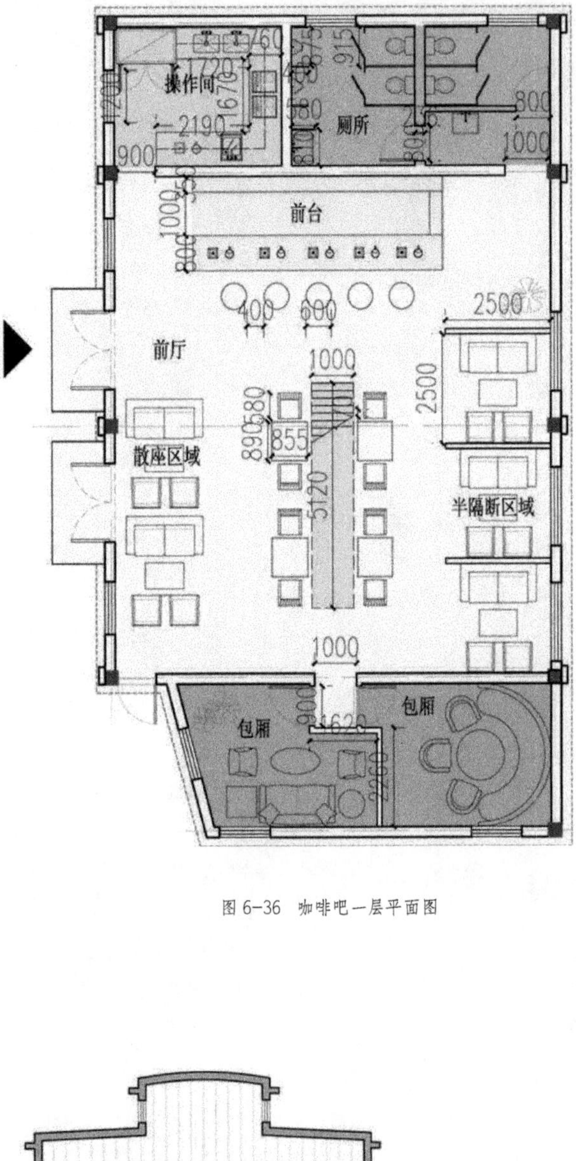

操作間　　　主要餐飲區　　　交通空間
衛生間　　　包廂區　　　　　屋顶户外區

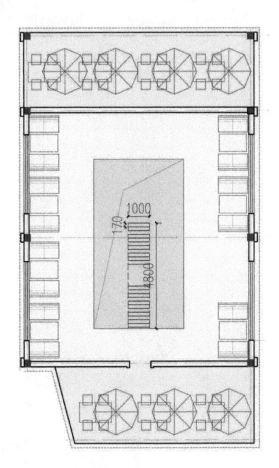

图 6-36　咖啡吧一层平面图

图 6-37　咖啡吧二层平面图

图 6-38　咖啡吧剖面图 1

图 6-39　咖啡吧剖立面图 2

③ 酒吧。酒吧位于主园区中心位置。原建筑局部为三层，从考虑到场地天际线等因素，将其完全改为二层平顶的新建筑，在场地中与小餐厅等新建筑相呼应。内部空间以满足人的视觉感官享受为出发点，一层以舞台方向为中心，采用扩散式布置空间。二层以舞台上空的通高空间与吧台为中心沿边排布。

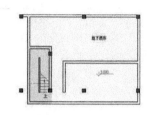

图 6-40　酒吧地下一层平面图

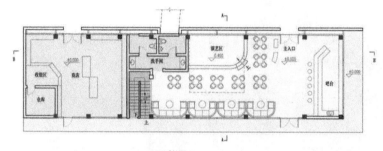

图 6-41　酒吧一层平面图

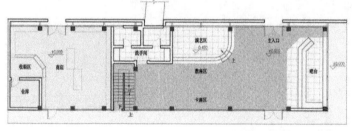

图 6-42　酒吧一层铺地图

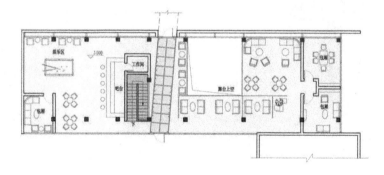

图 6-43　酒吧二层平面图

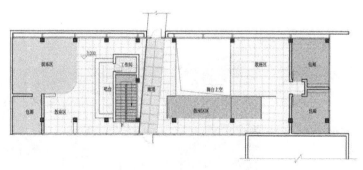

图 6-44　酒吧二层铺地图

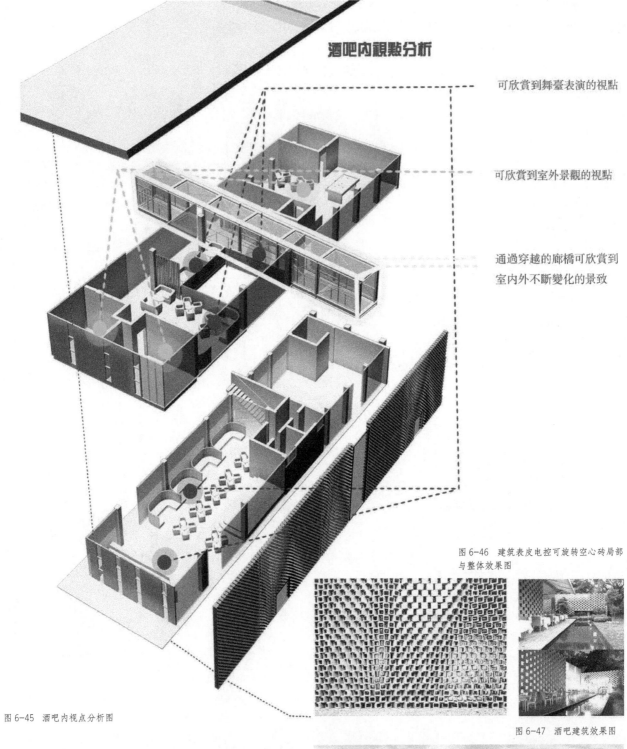

酒吧内視點分析

可欣赏到舞臺表演的視點

可欣赏到室外景觀的視點

通過穿越的廊橋可欣赏到室内外不斷變化的景致

图 6-45   酒吧内视点分析图

图 6-46   建筑表皮电控可旋转空心砖局部与整体效果图

图 6-47   酒吧建筑效果图

（3）C 区

① 制片摄影工作室。艺术家工作室的模式是工作 + 生活的 Loft 空间。工作空间中加入公共展示和休闲空间以及保留的遗迹，生活空间中加入休闲运动空间及屋顶休息平台。

制片流程如下。a. 剧本—表演—设计制作—画面创造—声音—剪辑—特效与视觉效果（3D、微缩模型）。b. 模型特效制作区：3D 特效设计师、3D立体绘图师、缩小物设计师、模型师（软件工程师、系统师）。c. 制作设计区：剪辑组、摄影组、录音组、编剧组、美术设计（服装设计、摄影后期）。

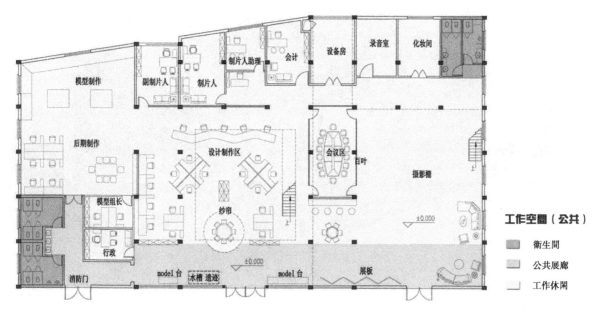

图 6-48　制片摄影工作室一层平面图

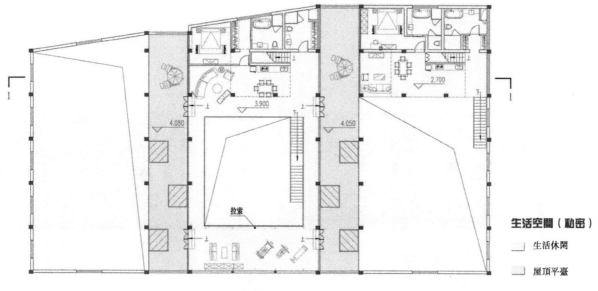

图 6-49　制片摄影工作室二层平面图

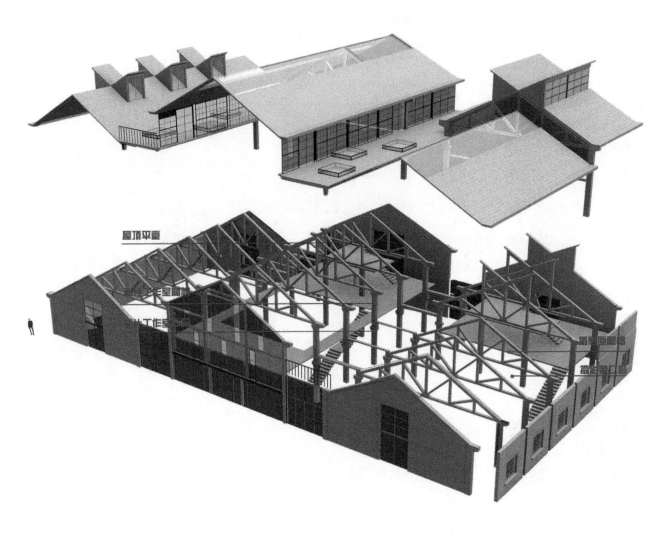

图 6-50　制片摄影工作室二层平面图

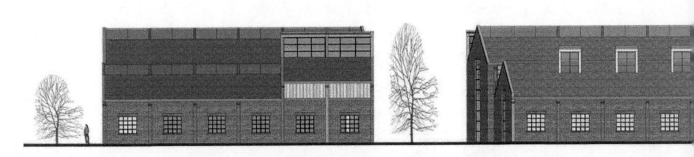

图 6-51　制片摄影工作室东立面图　　　　　　　　　　　图 6-52　制片摄影工作室南立面图

图 6-53　制片摄影工作室剖面图

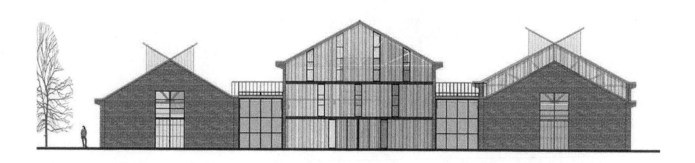

图 6-54　制片摄影工作室西立面图

图 6-55　制片摄影工作室北立面图

② 雕塑工作室。这也是一个工作 + 生活的 Loft 空间。根据雕塑家的工作特点，工作室内设置吊起了轨道拉索和二层挑出平台可远观雕塑作品。

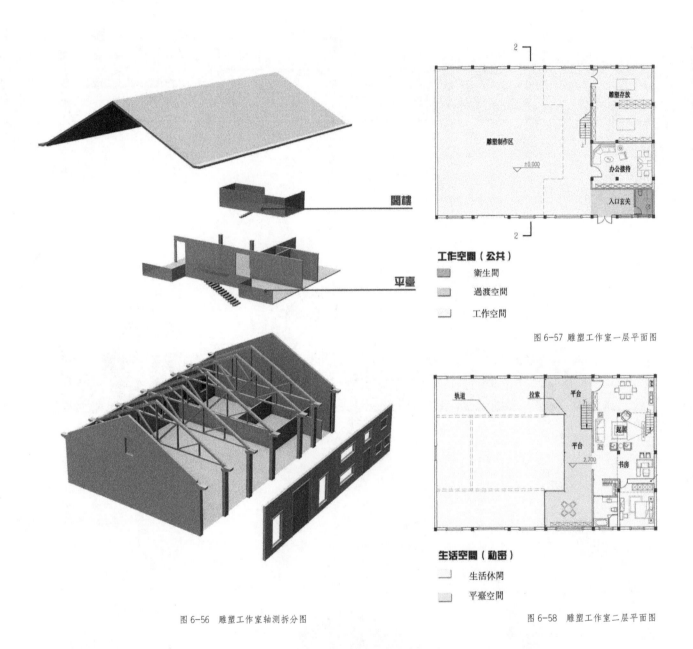

图 6-56 雕塑工作室轴测拆分图

图 6-57 雕塑工作室一层平面图

图 6-58 雕塑工作室二层平面图

2-2 剖面图　　北立面图　　南立面图　　西立面图

图 6-59 雕塑工作室剖立面图

（4）D 区

① 艺术家社区。艺术家喜欢以自己喜欢的方式独处，较为关注自己的内心世界，通常从对信息、思想的反思中获取能量，倾向采取有弹性的、自然自发的、没有规律和组织的生活方式。因此在设计的时候就要考虑这些要素，尽量能让艺术家居住在此觉得舒服，来创作更多的作品。艺术家居住的一号楼、二号楼和办公楼都保留原始建筑框架，在立面和平面上进行改造。一号楼主要居住着一些对光线空间要求比较高的艺术家，如画家、雕塑家等。因此在立面的改造上一面是大片落地玻璃，一面是大片的百叶窗，既满足光线又有私密性，在屋顶上也做了三角玻璃顶，既增加光线，在形式上又有了变化。二层楼道连通，增强雨廊效果。

图 6-60　艺术家生活区庭院效果图

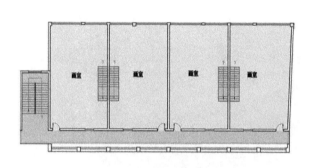

图 6-61　艺术家居住一号楼三层平面图

雕塑家

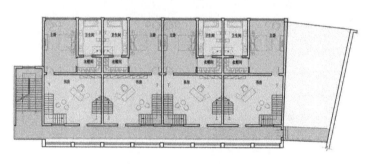

图 6-62　艺术家居住一号楼二层平面图

画家

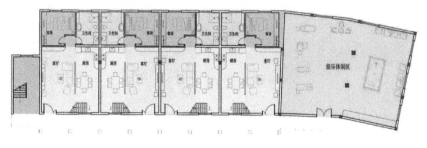

图 6-63　艺术家居住一号楼一层平面图

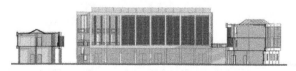

图 6-64　艺术家居住、办公楼剖立面图

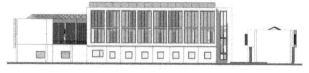

图 6-65　艺术家居住、办公楼南立面图

　　② 小餐厅。小餐厅的服务对象为艺术家、青年旅社及游客。二层屋顶平台可欣赏周边景色，上面架有廊桥与其他区域连通。

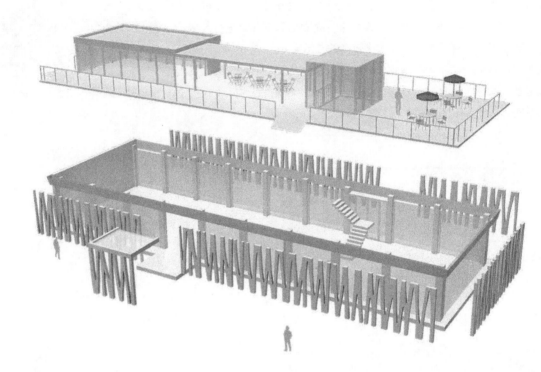

图 6-66　小餐厅轴测拆分图

图 6-67　小餐厅效果图

图 6-68　小餐厅南立面图　　　　　　　　　　　　　　　　　　　图 6-69　小餐厅东立面图

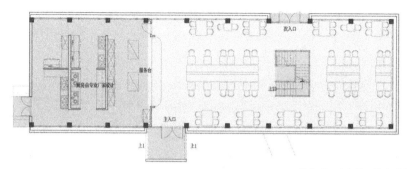

图 6-72　小餐厅一层平面图

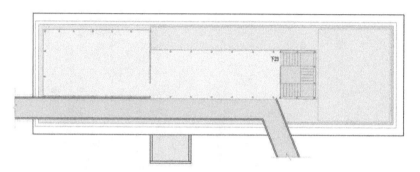

小餐厅
快餐式餐厅。服务对象为艺术家、青年旅社及旅客。二层屋顶平台可欣赏周边景色，上面架有廊桥与其他区域联通顶层平面图

 厨房
 主要餐饮区
交通空间
屋顶平台

图 6-73　小餐厅顶层平面图

图 6-74　小餐厅透视效果图

6-70　小餐厅西立面图　　　　　　　　　图 6-71　小餐厅北立面图

③ 青年旅社。青年旅社为写生等游客提供简单住宿，共有床位 38 个，其中标准间 2 个，并有大空间的休闲娱乐，必要时可做写生基地的讲堂。

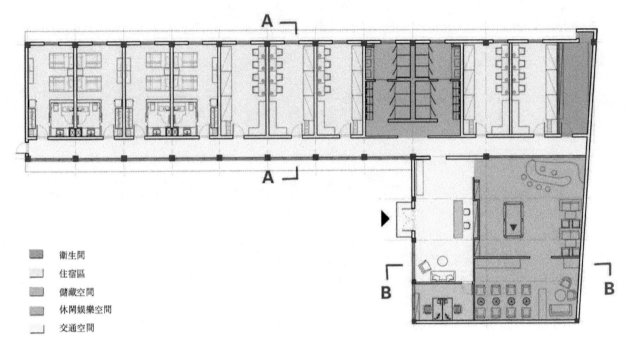

衛生間
住宿區
儲藏空間
休閑娛樂空間
交通空間

图 6-75　青年旅社平面图

图 6-76　青年旅社立面图 B　　图 6-77　青年旅社立面图 A　　图 6-78　青年旅社南立面图

图 6-79　青年旅社东立面图　　　　图 6-80　青年旅社入口西立面图

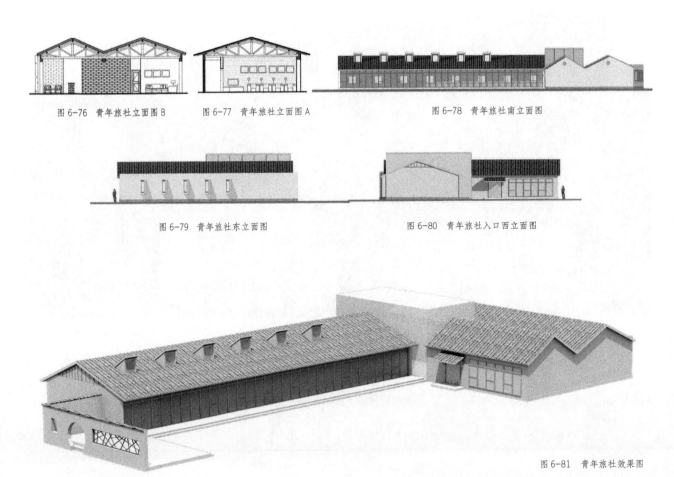

图 6-81　青年旅社效果图

6.5 综合评价

设计与表达是一个眼、手、脑并用的形象化思维过程。它对基本功的要求是较高的。那么衡量设计的表达能力是否有标准呢? 以下三点值得考虑。

一是要"快",尽可能做到心到笔到。

二是要"准",即对结构、构造、材料、空间以及尺度关系要有个大体正确的表达。

三是要"美",美在设计语言的流畅、朴实、明晰而富于创造性。

慈溪酒厂旧建筑空间改造设计这个案例严格遵循室内设计的方法和流程展开设计。通过前期调研首先在头脑中进行最初的构想,进而深化,初步确立方案的意向、立意构思;接下来利用草图的设计思维方式,对项目的功能、材料、风格进行综合分析;最后以手绘效果图和计算机辅助设计绘制出三维视图和空间效果图。从概念与创意阶段到构思方案阶段再到方案确立后的设计表达阶段,保留了艺术院校学生天马行空的充满幻想和丰富想象力的艺术感性情感,同时又使用了科学的学习方法和缜密的逻辑思维,是一个很完整很优秀的本科毕业设计作品。

图 6-82 局部模型 5

图 6-83 局部模型 6

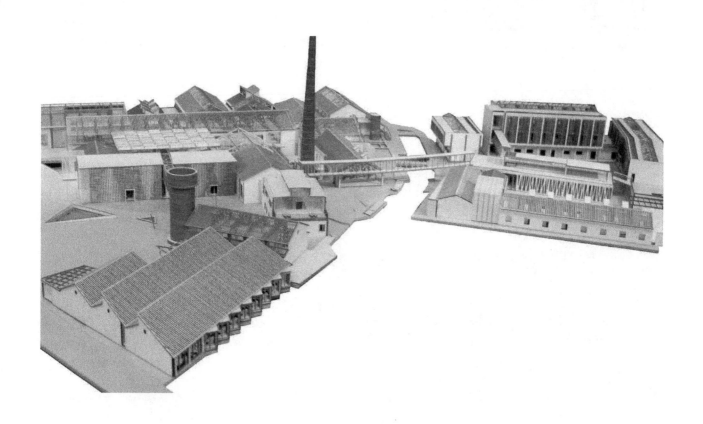

图 6-84 场地中心区域模型

6.6 zero.house 酒店改造设计

zero.house 是一个酒店改造项目,主题定位为概念性主题酒店设计。该设计从杭州老街巷空间寻找设计灵感,提取街巷肌理记忆,以此作为设计概念的切入点,对建筑立面及室内空间进行突破性的改造与设计,同时,对同一空间内不同材质的使用效果和空间体验进行探索、研究,最终提出使用低碳绿色再生材料的环保目标。

6.6.1 现场调研与设计灵感的提取

该项目位于杭州市钱江新城钱江路 629 号,原为杭州无线电设备厂,1986 年建造,层高五层。由于原建筑性质为厂房建筑,因此建筑采用框架结构,柱网结构匀称,建筑内部开间大,空间分隔灵活。这为后期主题酒店改造设计提供了良好的基础条件。

此外从城市整体结构来看,钱江新城是杭州市中心轴线发展布局中的重要区域,场地毗邻钱塘江畔,地理位置优越,交通便捷,城市大型购物中心、市政中心完善,信息化迅速,人群接收能力较强。因此酒店改造易定位为概念性主题酒店。

从杭州本身的城市特色出发,寻找杭州的记忆。传统街巷空间是承载现代人儿时生活、游戏的空间载体。因此从传统民居的街巷肌理中提炼出一种几何图形语言,以这种肌理的折线方式作为设计的形态来进行空间布局与具体设计,打破原建筑空间规整的格局,同时以折现的肌理在建筑内部还原街巷空间的记忆。

图 6-85 场地周边环境及建筑内、外环境调研

图 6-86 传统街巷空间与现代室内空间设计中线型元素的提取

图 6-87 传统街巷空间肌理形态的提取

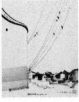

6.6.2 设计概念的生产

从古巷到光的变化再到吴冠中画作中街巷的演绎，提炼出平面折线的几何形态。在形态演绎过程中，注意交通流线的组织以及功能分区，在简单的几何变化形式中表现多元的丰富空间，探索兼容并包的艺术手法。既凝练了传统街巷形态的空间感，又在其基础上表达更丰富的空间层次关系。

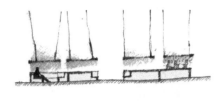

图 6-88　线型灯光的设计构思

图 6-89　设计构思的提取思路

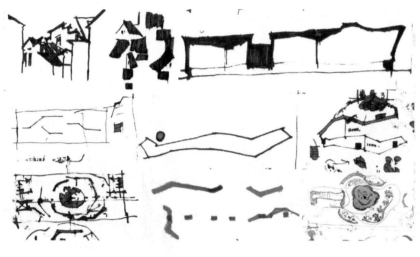

图 6-90　提取的几何形态与建筑室内空间相叠加，推演出设计的平面布局与空间形态

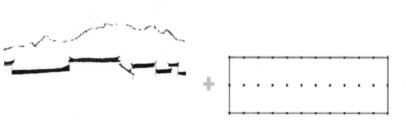

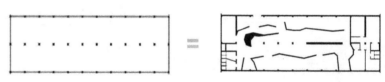

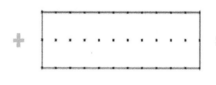

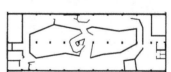

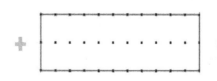

6.6.3 建筑立面改造

原建筑建造年代已久，外立面材质主要为玻璃和彩砂，与周边现代玻璃幕墙建筑风格迥异，难以协调。在外立面改造过程中，尽可能减少材料的损耗，保留原墙面粗糙质感，刷以白色乳胶漆。采光上，根据日照与内部空间结构关系，合理开窗，内部配以遮阳帘，保证采光的灵活性。建筑二层以上部分利用回收木条或竹子做外立面装饰，同时也起到了遮阳效果。

整体建筑定位为传统建筑材料与当代设计手法的结合，大面积的白色墙面与周边建筑形成反差，一方面表达该主题酒店的特色，另一方面又强调酒店的地域性及材料再生、低碳乐活的设计理念。

图 6-91 建筑立面改造方案推衍过程

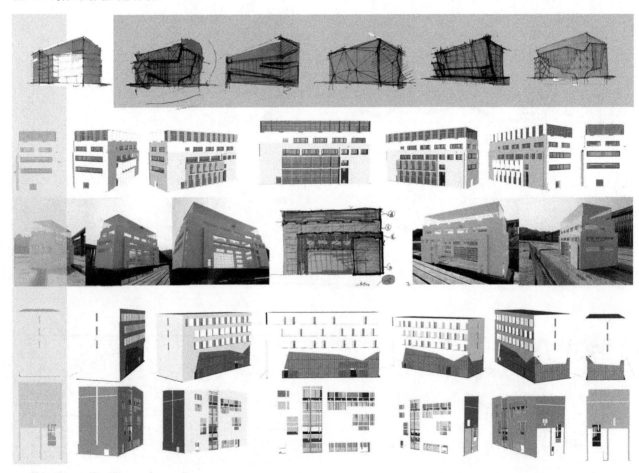

图 6-92 建筑立面最终确定方案

6.6.4　室内设计构思与设计表达

有了清晰的设计主题之后，便是对室内各个空间的具体设计构思。形式
最终要服务于功能，因此在构思过程中，要不断推敲几何形态与使用功能的
关系，在推敲中一步步修改和完善设计方案。

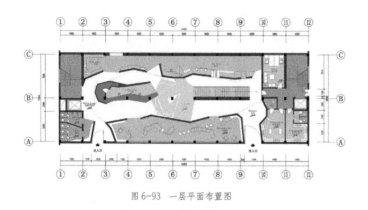

图 6-93　一层平面布置图

图 6-95　一层立面图

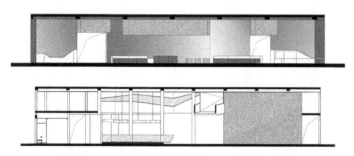

图 6-96　一层剖面图

图 6-94　一层功能分区图

休闲区　公共区域　酒吧　前台　卫生间　后勤区

图 6-97~图 6-100　一层大堂前台、休闲吧、楼梯、酒吧效果图

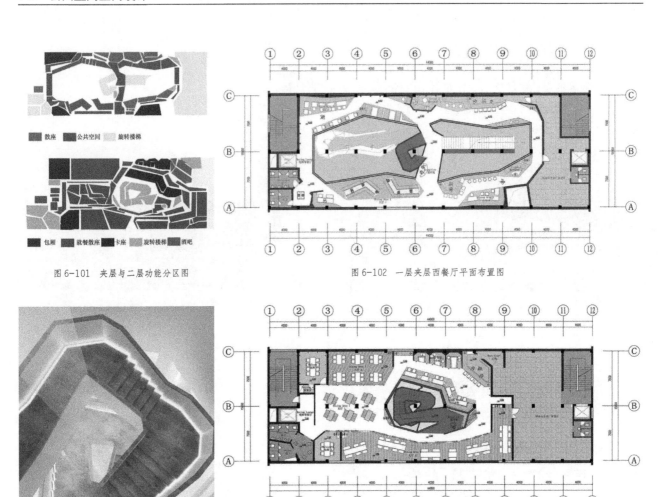

图 6-101　夹层与二层功能分区图

图 6-102　一层夹层西餐厅平面布置图

图 6-103　旋转楼梯效果图

图 6-104　二层中餐厅平面布置图

图 6-105　一层夹层西餐厅散座布置效果图

图 6-106　二层中餐厅效果图

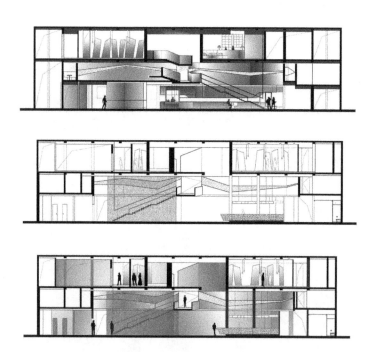

图 6-107　一、二层剖面图

图 6-108　中餐厅效果图

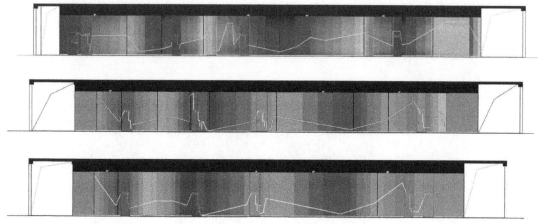

图 6-109　线型灯光立面布置图

图 6-110　客房效果图

图 6-111　走廊效果图

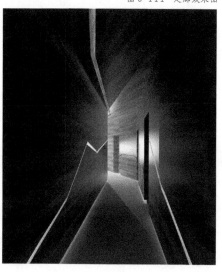

6.6.5 低碳理念的延伸设计

　　"巷子"主题酒店的低碳设计理念主要表现在建筑材料的本土化、生态化以及资源的合理利用与整合。采用"BMW"理念，将杭州公共自行车引入到酒店的配套设施设计中，引导入住的旅客使用公共自行车或步行的绿色出行方式。在不久的将来，杭州地铁系统建成完善后，"BMW"理念实施将变成现实。

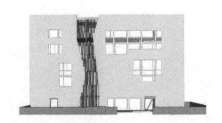

图 6-112　建筑外立面的低碳处理

图 6-113、图 6-114　屋顶花园设计分析图

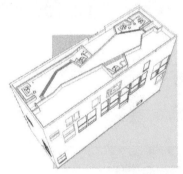

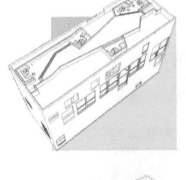

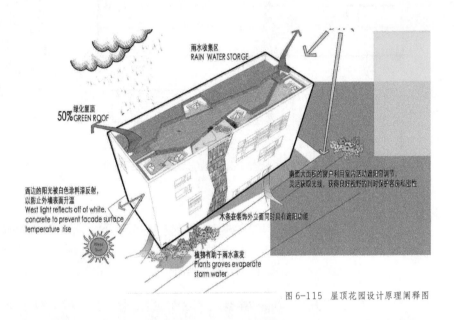

图 6-115　屋顶花园设计原理阐释图

图 6-116　屋顶花园设计效果图

图 6-117~ 图 6-119　建筑立面采光与通风分析

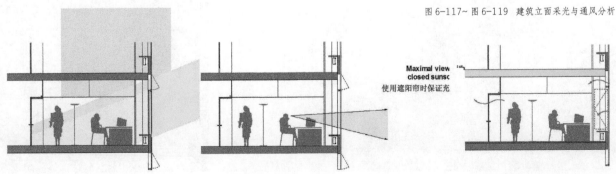

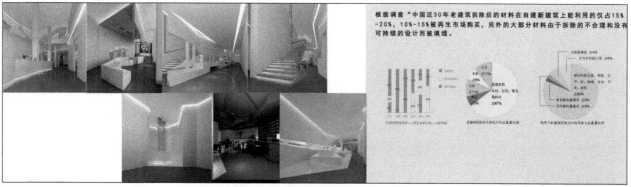

图 6-120　原空间效果

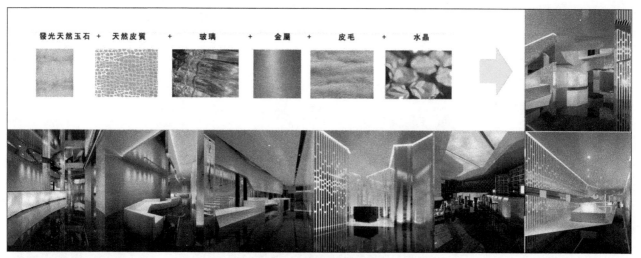

图 6-121　贵重材料空间表现效果

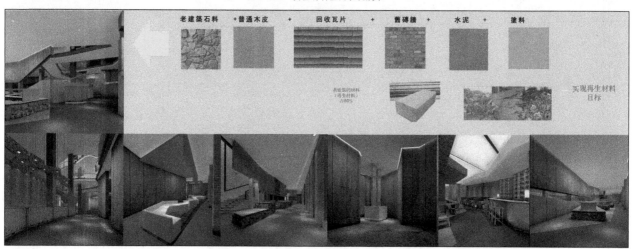

图 6-122　回收材料空间表现效果

思考延伸：

1. 室内设计方法中，在设计构思阶段关键要处理好哪几种关系？

2. 毕业设计流程分三个阶段，具体为哪三个阶段，各阶段的设计与思考重点是什么？

3. 随着计算机辅助设计的广泛应用，三视图制图基本已经代替了复杂的徒手绘制，而透视图的计算机表现效果也越来越逼真。那么在高校教学中该彻底放弃传统的徒手绘画吗？

附录　某电影院室内设计施工图纸

本附录提供一套电影院公共空间室内设计部分施工图纸，包括图纸目录、
平面布置图、平面尺寸图、天花布置图、天花尺寸图、地面铺装图、各个空
间立面图、剖面图和节点大样图等。

某国际影城室内设计施工说明

一.专业要求

（一）消防系统:消防设备,明露件的位置应根据吊顶平面适当调整并应符合国家规定的有关规范.

（二）强弱电系统开关,插座,烟感,报警器明露件的样式,颜色应与装饰协调统一并排判整齐,并达到国家标准要求.

（三）电视监控系统应合理布置,由专业公司按国家各类规范进行施工(不包括室内设计范围).

（四）设计执行的主要规范名称及代号

（五）民用建筑设计通则GB50352-2005

（六）建筑装饰装修工程质量验收规范（设计部分）GB50210-2001

（七）高层民用建筑设计防火规范GB 50045-95(2005年版)

（八）电影院建筑设计规范JGJ 58-2008

（九）建筑内部装修设计防火规范GB 50222

（十）其它国家有关装饰装修工程设计的规范

（十一）所有石材、合成材料等装修材料的环保要求均须符合GB50325-2005各相关规定.

（十二）隔墙均采用200厚蒸压砂加气砼砌块（B06级）、加气混凝土专用砂浆砌筑.

（十三）室内凡装修均按施工下艺基础环境建筑物结构安全性（GB50352-2005第6.15.1条1款）.
凡墙体和楼板面剔凿,截墙、加墙、设柱,均应征得原建筑设计单位的认可（GB50210-2001第3.1.5及3.3.4条）.

（十四）凡园墙面铺设砖、楼板下吊顶、吊灯、支架及家具、设备等引起楼面荷载恒定改变较多的,应征得原建筑设计单位的认可（GB50210-2001第3.1.5、3.3.4条）

（十五）凡因影厅层高偏高,可能造成影厅墙体结构不稳定,由甲方另行委托专业公司进行加固设计.

（十六）凡楼板下的吊顶、吊灯等吊装荷载需经过强度计算,由专业吊装点面应经过计算.（其余吊筋另）

（十七）室内设计和施工不得遮挡消防设施标志,疏散指示标志及安全出口,不得影响消防设施和疏散通道的正常使用（GB50352-2005第6.12.2条1款）.

（十八）凡因大功率灯具易引起木龙骨、木饰面板等燃烧的,应调整装修材料或采取特别防火措施.

（十九）墙体、楼地面、吊灯内的管线可能产生冰冻或结露时,应采取防冻或结露措施（GB50210-2001第3.1.7条）

二.一般说明

（一）本设计为***国际影城室内装修设计图,其装修面积为2440m².

（二）本工程地址位于浙江温州横街镇,位于第四层,属于一类高层建筑,建筑高度54.300米.

（三）本施工图所注尺寸单位:平.立面尺寸单位为毫米（MM）,平面层地面高单位为米以+为相对标高.

（四）所有疏散楼梯的防火成图尽建筑设计图.

（五）防火墙等部位置及做法按国家消防规范设计.

（六）凡楼板地面水漏处的防水及范围应以原建筑设计图为准.

（七）本设计选用的产品材料应符合国家有关的质量检测标准.

（八）所有装修材料应采用不燃或难燃材料,木材必须采取防火处理,埋入结构的部分应采取防腐处理,类似的材料应严格按照国家规范进行处理.

（九）建筑装饰施工时,需与其他各工种密切配合,严格遵守国家颁布的有关标准与各项验收规范的规定.

（十）卫生间墙面防水处理,墙面防水翻高250mm,做法为3厚防水涂料.

三.建筑装修概况

（一）本装修所使用的装修材料有大理石、阻燃地毯、抛光砖、地胶板、吸声板、轻钢龙骨石膏板银箔、钢化玻璃钢铝板、乳胶漆、玻纤吸音板、钢化玻璃,硅藻泥、不锈钢、马赛克、人造石及多种灯具等,其各项材料标准应达到国家规范要求.

（二）本建筑装修的做法未特别注明之外,其做法均按国家的标准图集的做法并须严格遵守相应的国家验收规范

（三）参照一般施工说明内容进行施工的运作

四.图纸辅助说明

（一）铺地材料平面图中所注饰面材料为地面饰料,其它材料详见装修立面图和材料表

（二）除特别说明外,所有机房,消防楼梯,前室,配电房按建土建一次装饰标准

（三）12厚纸面石膏板吊顶漆乳胶漆（立邦漆选样）,造型部分采用水泥砂基层及木基层,木基层施工完成后均刷防火涂料,达到防火等级级,再进行下一道工序,由施工方向甲方,本设计方提供乳胶漆颜色色卡,最后由甲方,本设计方审定

（四）实际高和尺寸与图纸有较大出入,可按实际调整;有较大出入,则待设计重新确定方案.

五.主要材料及做法（所有施工必须按照国家施工及验收规范及相应的产品说明进行施工）

（一）墙体
- 过道墙体采用轻质加气砖材料,隔墙到顶.
涉及防火、防潮部分应作技术处理,或采用半砌120mm厚墙体,如卫生间墙体.

（1）大型公共空间及主通道及某些局部采用抛光大理石,施工要求严格进行试拼标号,避免色差及纹路凌乱以保证视觉效果,墙面应做到规范要求的饰面平整,垂直度,水平度尺,缝线笔直,接缝严密,无污染及反碱并无空鼓等现象.

（2）卫生间等墙地墙面采用面砖,要求基本同石材（所有找坡按建筑设计,并应遵守国家卫生间施工的规范要求尺）,以上工程应结合同各专业专业工程的配合,尤其腑同专业的明露设备和消防给,照明控制,强弱电线路和控制等协调施工,以保证装修效果.

（二）顶棚

（1）未注明的所间顶棚和大型公共空间多采用U50系列轻钢龙骨12mm厚石膏板乳胶漆,并预留检修口,由甲方根据图纸标注确定位置,面饰乳胶漆（立邦漆选样）.

（2）公共洗手间吊顶采用防潮石膏板吊顶,面饰漆乳胶漆（立邦漆选样）.

（3）设在顶部处服天花板喷涂

注: 此部分工程应应注意同各专业施工的配合吊顶顶面在吊顶内各专业管线,设备等安装调试完毕后再安装,因本建筑空间较大,须严格起批执,饰面及喷涂平整均匀,嘌漆,烟感及灯具等应与顶棚相按紧密吊装密,排布整齐大型灯具和风口的系统应与吊顶系统分开,检查可应统一规格,结合吊顶内专业管线的情况合理布置

（三）门窗

本设计只涉及室内装修部分的门(如防火门,隔声门等基本未作变动,)个别门为保证装修效果进行了面层材料的更动,但形式重新设计,此部分必须保证原设计的功能要求.

（四）家具

（1）固定家具请参照详图,具体尺寸就依据现场确定为准.

（2）活动家具选用优质国产家具由专业厂家参照货物设计图纸款选择深化设计后生产制造.

（五）灯具

（1）大型公共空间以射灯为主要照明,局部用LED灯或低压软管灯,暗装泛光照明及工艺吊灯照明.

（2）灯具安装如排列整齐,布置均匀,某地部所如需专业应应结合本设计的风格进行处理.

（3）所有疏散出入口有明确的指示灯配.

（4）所有灯具灯选型提供实样或样本供业主和设计方确定.

六.所有成品家具,灯具的颜色,样式及装修材料标均需由业主或本设计方的认可.

七.施工前应提供各类油漆,喷漆的样板,乳胶漆样板,由甲方和设计共同确定.

八.所有做法均以详图为准,做法不详处应向设计方咨询及要求补充说明.

九.工程施工必须按照中华人民共和国现有的有关规范执行,各工种相互协调配合.

十.图中若有尺寸与设计或现状矛盾之处,可根据现场情况适当调整,若有较大更动,应征得设计方同意.

十一.所有材料(包括型号,规格,产地,供应商)详见材料明细表.

十二.承包方对所有预订的材料,成品家具及其他尺寸必须到现场核实后才能制作,有出入时,请与设计师联系.

十三.本影城放映机房,影厅顶部、钢结构楼梯钢架结构等钢筋及由甲方另行委托专业进行设计,由本设计方提供影厅的台阶及放映机房的高度.

设计单位名称	项目负责人		建设单位			
	专业负责人		工程名称	***国际影城	设计号	HZ13-0303
证书编号: 甲级A*********	审　核				图别	饰施
	校　对		图纸	施工设计说明	图号	S-000
签字齐全 盖章有效	设　计		内容		日期	2013.03

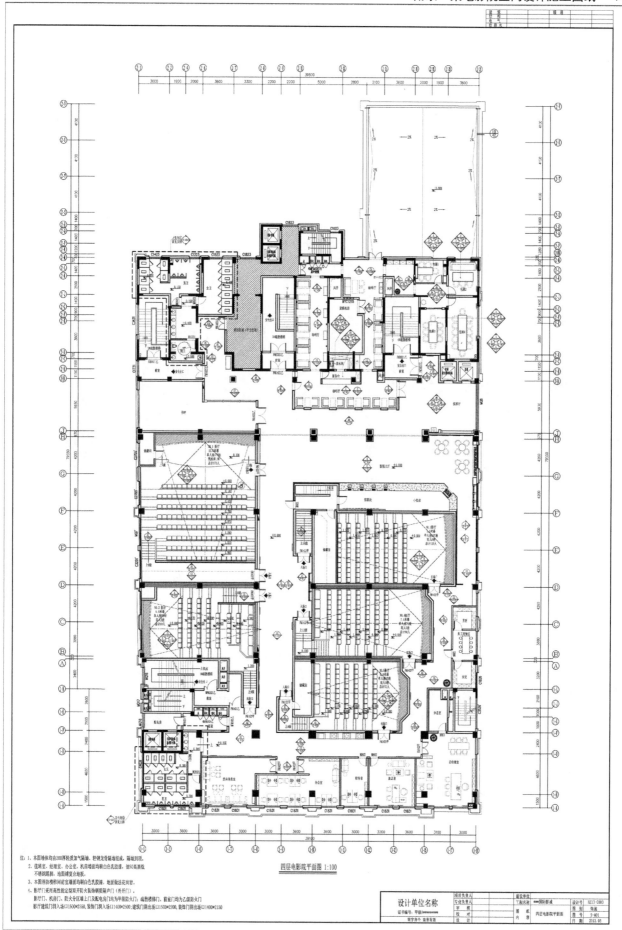

四层电影院平面图 1:100

注:1、本图墙体均由200厚轻质加气隔墙、轻钢龙骨隔墙组成,隔墙到顶。
2、值班室、经理室、办公室、机房墙面均刷白色乳胶漆,踢50高踢板,不锈钢踢脚,地面铺复合地板。
3、本图用楼梯间前室墙面均刷白色乳胶漆,地面做法花岗岩。
4、影厅门采用高性能定型双开防火装饰钢质隔声门(乡开门);
   影厅门、机房门、防火分区墙上门及配电房门均为甲级防火门;疏散楼梯间、前室门均为乙级防火门
   影厅建筑门洞入场口1500*2550,装饰门洞入场口1400*2500;建筑门洞出场口1500*2200,装饰门洞出场口1400*2150

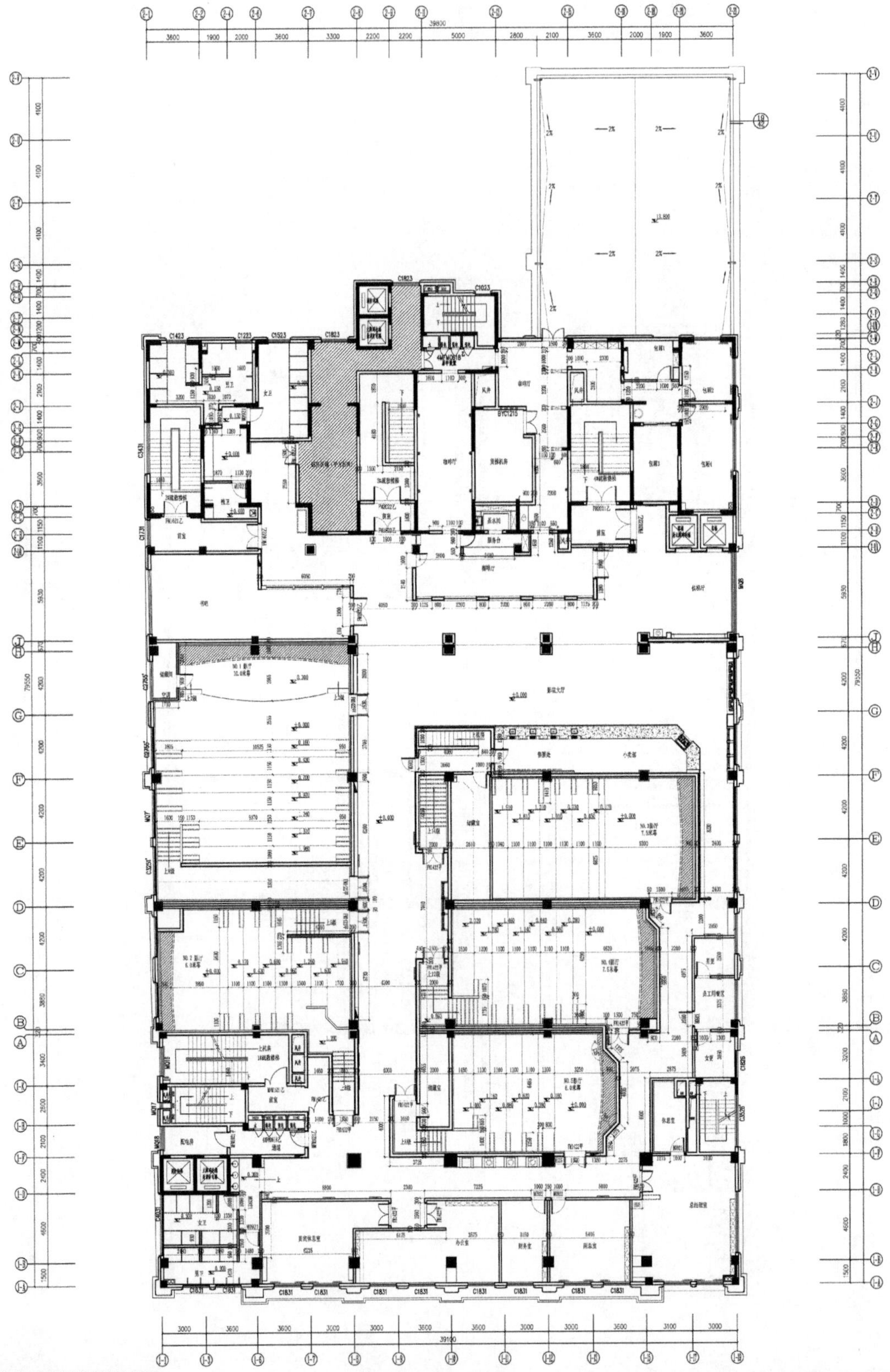

四层电影院平面尺寸图 1:100

注：1、本图墙体均由200厚轻质加气隔墙、轻钢龙骨隔墙组成，隔墙到顶。
2、值班室、经理室、办公室、机房墙面均刷白色乳胶漆，做50高黑钛不锈钢踢脚，地面铺复合地板。
3、本图消防楼梯间前室墙面均刷白色乳胶漆，地面做法花岗岩。
4、影厅门采用高性能定型双开防火装饰钢质隔声门（外开门）。
影厅门、机房门、防火分区墙上门及配电房门均为甲级防火门；疏散楼梯门、前室门均为乙级防火门
影厅建筑门洞入场口1500*2550，装饰门洞入场口1400*2500；建筑门洞出场口1500*2200，装饰门洞出场口1400*2150

设计单位名称 证书编号：甲级A*********	项目负责人			建设单位			
	专业负责人			工程名称	***国际影城	设计号	HZ13-0303
	审　核			图纸内容	四层电影院平面尺寸图	图别	饰施
	校　对					图号	S-404
签字齐全 盖章有效	设　计					日期	2013.03

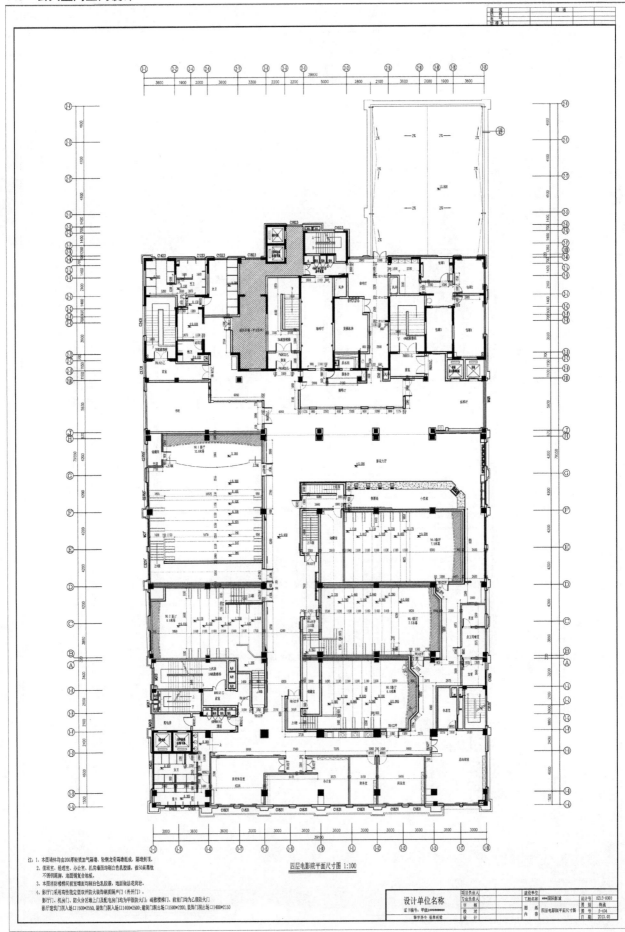

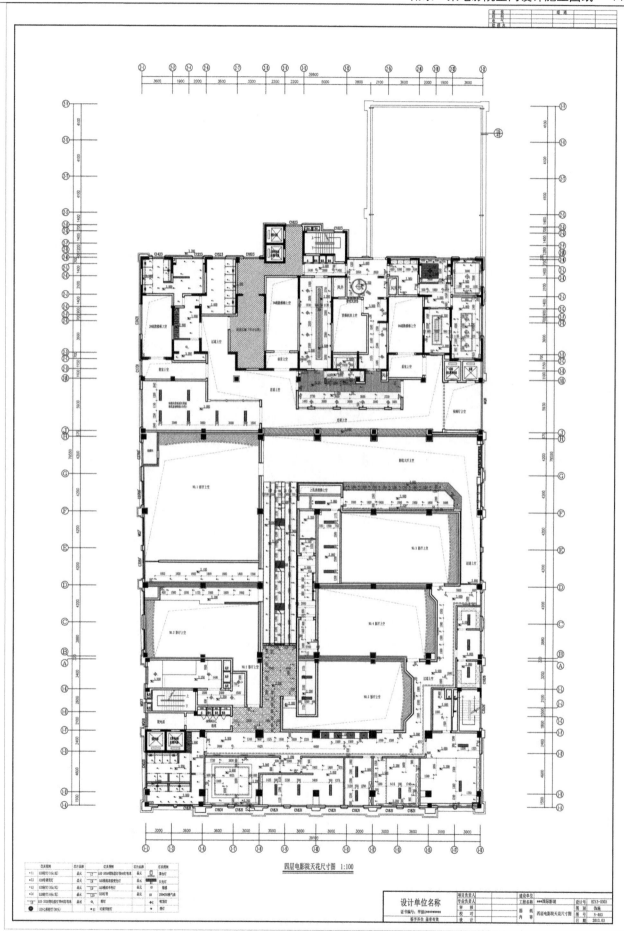

四层电影院天花尺寸图 1:100

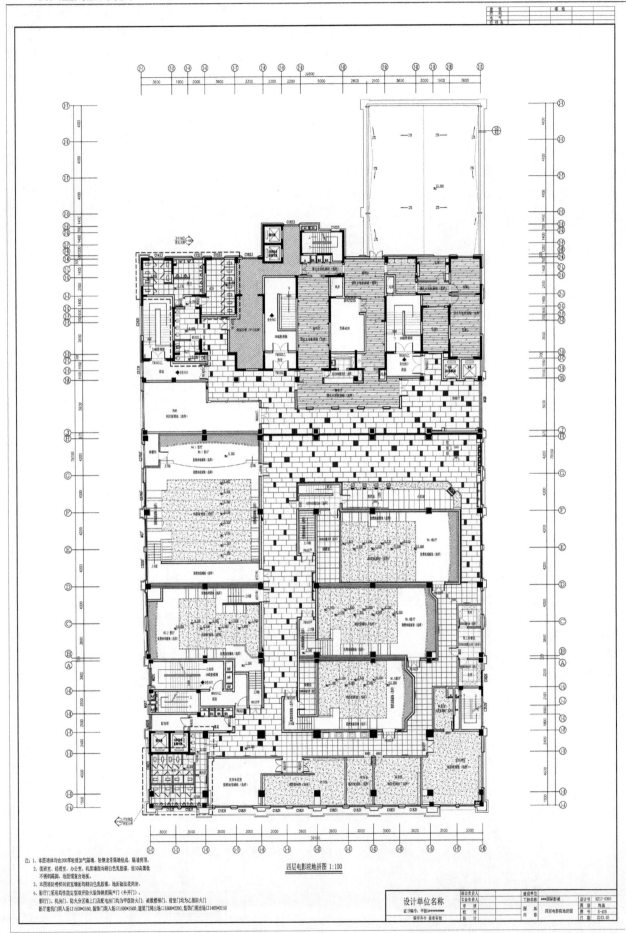

四层电影院地拼图 1:100

注：1、本图墙体均由200厚轻质加气隔墙、轻钢龙骨隔墙等组成，隔墙到顶。
2、值班室、经理室、办公室、机房墙面均刷白色乳胶漆，做50高黑色不锈钢踢脚，地面做复合地板。
3、本图因防楼梯间室墙面均刷白色乳胶漆，地面做法花岗岩。
4、影厅门采用高性能定型双开防火装饰钢质隔声门（外开门）。
影厅门、机房门、防火分区地上门及配电房门均为甲级防火门；疏散楼梯门、前室门均为乙级防火门；
铝厅建筑门扇入场口500*2590，甲级入场口1400*2600；建筑门网出场口1800*2200，装饰门网出场口1400*2150

设计单位名称				建设单位	***国际影城	设计号	B213-0303
	项目负责人			工程名称		图别	饰施
	专业负责人		图纸				
	审核		内容	四层电影院地拼图	图号	S-406
	校对				日期	2013.00
	设计					

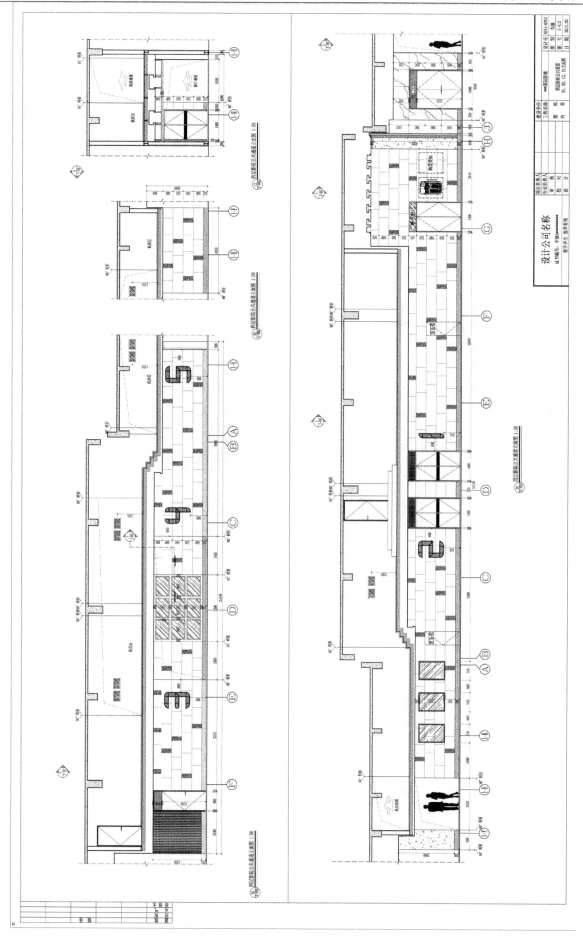

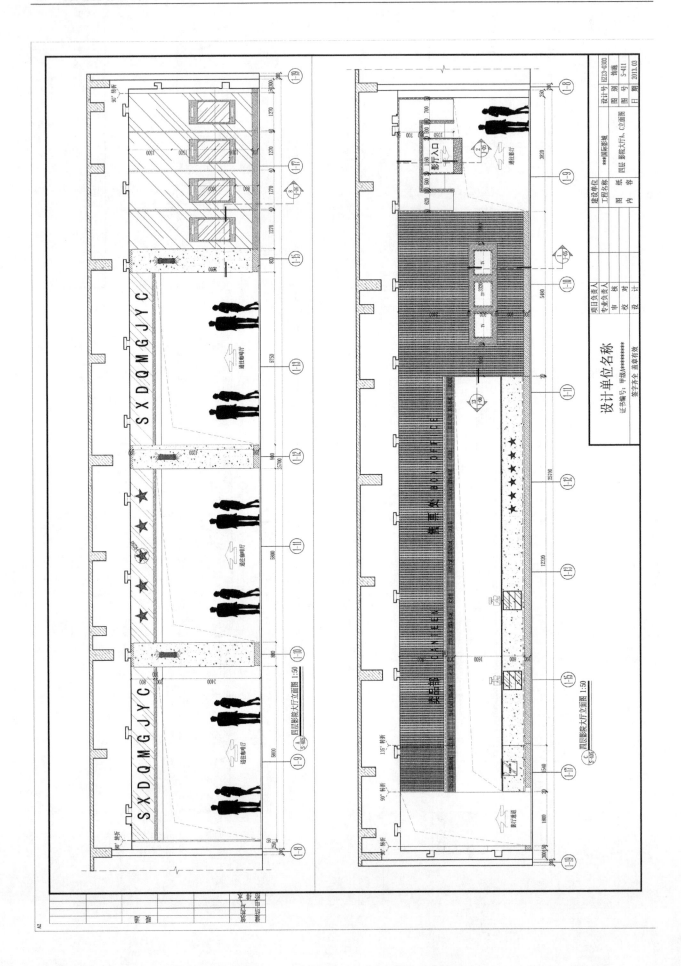

四层影院大厅立面图 1:50

四层影院大厅立面图 1:50

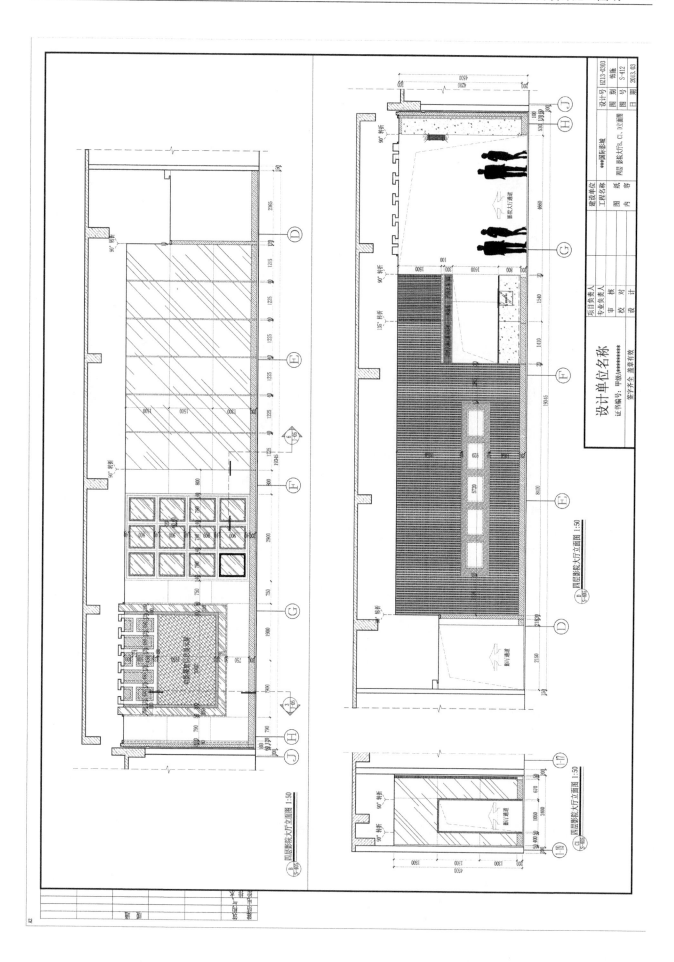

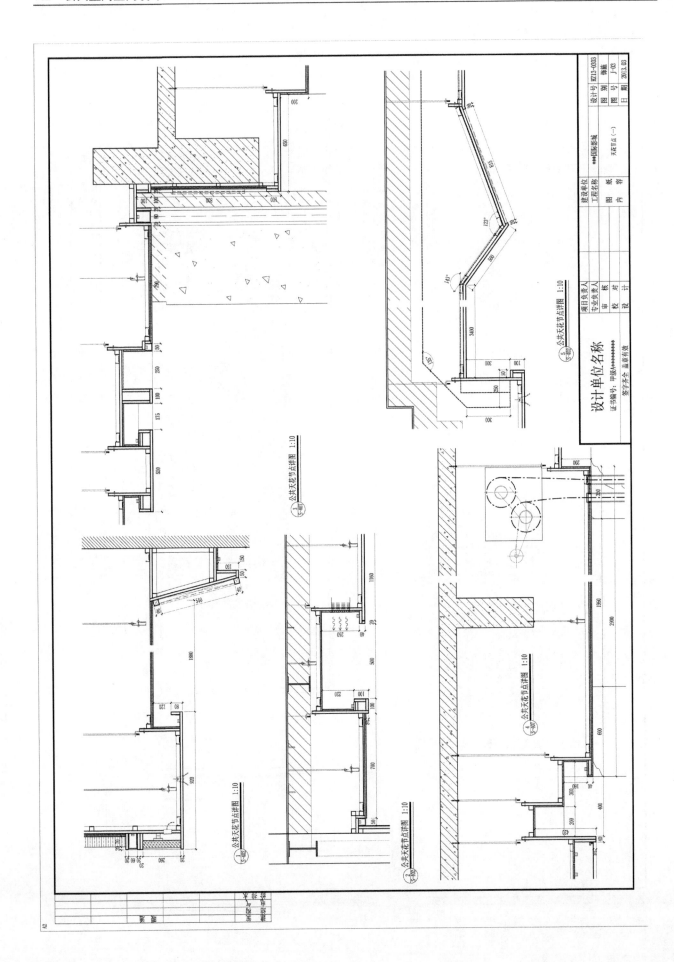

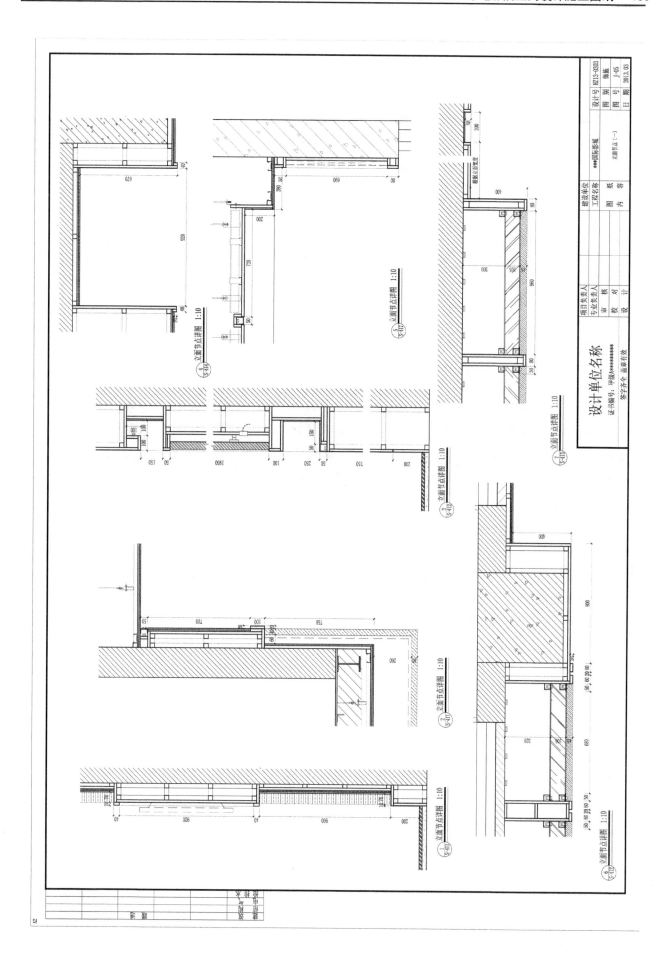

参考文献

[1]《建筑设计资料集》编委会.建筑设计资料集第 3 集.第 2 版.北京：中国建筑工业出版社，2000.

[2] 来增祥，陆震纬.室内设计原理（上册）.北京：中国建筑工业出版社，2003.

[3] 陆震纬，来增祥.室内设计原理（下册）.北京：中国建筑工业出版社，2001.

[4] 陈易.建筑室内设计.上海：同济大学出版社，2003.

[5] 马澜.室内设计.北京：清华大学出版社，2013.

[6] 董君主编.公共空间室内设计.北京：中国林业出版社，2011.

[7] 高钰.公共空间室内设计速查.北京：机械工业出版社，2013.

[8] 刘洪波等主编.公共空间设计.哈尔滨：哈尔滨工程大学出版社，2009.

[9] 孙皓编著.公共空间设计.武汉：武汉大学出版社，2011.

[10] 杨清平，李柏山主编.公共空间设计.第 2 版.北京：北京大学出版社，2012.

特别说明：

　　1. 本书第 6 章慈溪酒厂旧建筑空间改造设计案例来自中国美术学院建筑艺术学院环境艺术系 07 级毕业生的毕业设计作品，设计导师吴晓淇教授，由刘钊、王梦梅、王波、徐国东、张陶然、吕霞菲、刘金晶、于忠孝、洪美思、张燕雯共十名室内设计专业学生以团队分工合作的形式共同完成。该方案被评为 2011 届中国美术学院本科毕业设计金奖。

　　2. 本书第 6 章 zero.house 零居低碳酒店设计案例来自中国美术学院建筑艺术学院环境艺术系 07 级毕业生的毕业设计作品，设计导师谢天副教授，由费君亚、习怡、钟晨曦、诸红、周高志共五名室内设计专业学生以团队分工合作的形式共同完成。该方案被评为 2011 届中国美术学院本科毕业设计铜奖。

　　3. 本书附录施工图来自中国美术学院风景建筑设计研究院的某电影院室内设计项目，由陈昶负责，金心炜、王震、何雪华、黄利、李阳等人设计绘图。同时，金心炜担任了本书 5.2 "公共空间室内设计的图解思考与图解表达" 部分内容的撰写。

　　在此对参与案例设计及内容撰写的相关人员表示感谢！